上海市工程建设规范

地下结构隔排水主动抗浮技术标准

Technical standard for active anti-floating of underground structure by seepage prevention and drainage measures

DG/TJ 08—2411—2023
J 16774—2023

主编单位:同济大学
上海勘察设计研究院(集团)有限公司
上海联境工程建设中心
批准部门:上海市住房和城乡建设管理委员会
施行日期:2023 年 6 月 1 日

同济大学出版社

2023 上海

图书在版编目(CIP)数据

地下结构隔排水主动抗浮技术标准 / 同济大学，上海勘察设计研究院(集团)有限公司，上海联境工程建设中心主编. —上海：同济大学出版社，2023.9

ISBN 978-7-5765-0890-1

Ⅰ. ①地… Ⅱ. ①同… ②上… ③上… Ⅲ. ①地下工程—结构工程—地方标准—上海 Ⅳ. ①TU93-65

中国国家版本馆 CIP 数据核字(2023)第 145674 号

地下结构隔排水主动抗浮技术标准

同济大学
上海勘察设计研究院(集团)有限公司　**主编**
上海联境工程建设中心

责任编辑　朱　勇
责任校对　徐春莲
封面设计　陈益平

出版发行　同济大学出版社　　www.tongjipress.com.cn
（地址：上海市四平路 1239 号　邮编：200092　电话：021 - 65985622）
经　　销　全国各地新华书店
印　　刷　浦江求真印务有限公司
开　　本　889 mm×1194 mm　1/32
印　　张　3.875
字　　数　104 000
版　　次　2023 年 9 月第 1 版
印　　次　2023 年 9 月第 1 次印刷
书　　号　ISBN 978-7-5765-0890-1
定　　价　40.00 元

上海市住房和城乡建设管理委员会文件

沪建标定〔2023〕30 号

上海市住房和城乡建设管理委员会
关于批准《地下结构隔排水主动抗浮技术标准》为上海市工程建设规范的通知

各有关单位：

由同济大学、上海勘察设计研究院（集团）有限公司和上海联境工程建设中心主编的《地下结构隔排水主动抗浮技术标准》，经我委审核，现批准为上海市工程建设规范，统一编号为 DG/TJ 08—2411—2023，自 2023 年 6 月 1 日起实施。

本标准由上海市住房和城乡建设管理委员会负责管理，同济大学负责解释。

上海市住房和城乡建设管理委员会

2023 年 1 月 17 日

前　言

根据上海市住房和城乡建设管理委员会《关于印发〈2020年上海市工程建设规范、建筑标准设计编制计划〉的通知》（沪建标定〔2019〕752号）的要求，标准编制组经广泛调查研究，认真总结工程实践经验，参考有关技术标准，并在广泛征求意见的基础上，编制了本标准。

本标准主要内容有：总则；术语和符号；基本规定；材料与设备；设计；施工；监控；检验与验收；运维。

本标准的某些内容可能涉及专利。本标准的发布机构不承担识别专利的责任。

各单位及相关人员在执行本标准过程中，请注意总结经验，积累资料，并将有关意见和建议反馈至上海市住房和城乡建设管理委员会（地址：上海市大沽路100号；邮编：200003；E-mail：shjsbzgl@163.com），上海联境工程建设中心（地址：上海市灵石路718号A6栋5层；邮编：200072；E-mail：bian_haitao@ljjz-arc.com），上海市建筑建材业市场管理总站（地址：上海市小木桥路683号；邮编：200032；E-mail：shgcbz@163.com），以供今后修订时参考。

主编单位：同济大学
上海勘察设计研究院（集团）有限公司
上海联境工程建设中心

参编单位：上海同建强华建筑设计有限公司
上海联境建设集团有限公司
上海市建设工程安全质量监督总站
上海长凯岩土工程有限公司

上海地产（集团）有限公司
华东建筑设计研究院有限公司
上海隧道工程轨道交通设计研究院
上海同禾土木工程科技有限公司
上海欧本钢结构有限公司
上海工程技术大学
同济大学建筑设计研究院（集团）有限公司
上海市城市建设设计研究总院（集团）有限公司
广西大学

主要起草人：曾朝杰　杜　旭　徐　超　杨石飞　陈　晖
刘陕南　袁　芬　张海霞　姚鸿梁　杨志豪
卞海涛　杨砚宗　宋　爽　杨晓楠　杜春雪
吴江斌　王美云　金磊铭　陈　明　吴宏磊
张正林　蒋应红　梁志荣　梅国雄　包　勇
安亚文

主要审查人：朱合华　汪大绥　郑毅敏　瞿　革　梁淑萍
陆秀丽　盛棋楸

上海市建筑建材业市场管理总站

目　次

Contents

1 总 则

1.0.1 为促进地下结构抗浮技术的发展，规范隔排水主动抗浮技术实施过程中的设计、施工和监控，做到安全可靠、技术先进、经济合理，制定本标准。

1.0.2 本标准适用于本市新建地下工程地下水浮力控制或已建地下结构工程抗浮治理。

1.0.3 地下结构主动抗浮工程应综合考虑地下结构特点与功能要求、场地工程地质、水文地质与环境条件等，因地制宜确定抗浮方案。

1.0.4 地下结构隔排水主动抗浮工程除应符合本标准的规定外，尚应符合国家、行业和本市现行有关标准的规定。

2 术语和符号

2.1 术 语

2.1.1 隔排水主动抗浮技术 active anti-floating technique by seepage prevention and drainage measures

通过采用隔水和排水措施控制地下水位和基底水压力，以满足地下结构抗浮安全要求和减少基础结构受力的技术。

2.1.2 隔水系统 seepage prevention system

由地下结构基坑周边设置的止水帷幕、下部隔水土层或相对隔水土层以及必要时防止地表水入渗而在肥槽设置防渗屏障构成的限制地下水渗透的体系。

2.1.3 排水系统 drainage system

由在地下结构底部和（或）肥槽土体中设置的排水层、排水带、泄压井与集水坑、抽水设备等所构成的导排水体系。

2.1.4 地下水监控系统 monitoring & controlling system of groundwater

为掌握地下结构抗浮状况而布设的水头压力或水位监测元器件、预警平台和主动控制系统。

2.1.5 抗浮设防水位 anti-floating fortification groundwater table

在地下结构施工期和使用期内可能出现的最高水位，或者施工期与使用期内最不利工况组合下地下结构底板上可能承受的最大浮力按静态换算的水头高度。施工期与使用期内可采用不同的抗浮设防水位。

2.1.6 抗浮控制水位 anti-floating control groundwater table

为保证地下结构施工期或使用期的抗浮稳定，通过隔水与排水措施控制的最高水位。

2.1.7 排水层 drainage layer

在地下结构与下部土体间水平向层状布置的、具有反滤与排水功能的集排水体。

2.1.8 排水带 drainage belt

在地下结构与下部土体间水平向带状布置的、具有反滤与排水功能的集排水体，可沿一个方向平行布置，也可以纵横交织成网状布置。

2.1.9 泄压井 pressure relief well

在地下结构底板之下土体中点状布置的、用于主动抽排水的管井或集水井。

2.1.10 入渗流量 seepage flow

单位时间内地下水透过隔水系统进入地下结构与隔水系统之间的水量。

2.1.11 排水量 discharge capacity

排水系统在抗浮控制水位条件下能够排泄的最大流量。

2.1.12 肥槽 space between basement exterior wall and foundation pit wall

建筑物地下室外墙与基坑边之间的空间。

2.1.13 盲沟 blind drain

设置在地下结构底板之下的土体中、由反滤层包裹碎石构成的带状排水体。

2.1.14 土工织物表观孔径 apparent opening size of geotextiles

反映土工织物孔隙通道大小的指标，以土工织物为筛布对颗粒料进行筛析，当一种颗粒料的过筛率（通过土工织物的颗粒料重量与颗粒料总重量之比）为5%时，则将该颗粒粒径确定为土工织物的表观孔径O_{95}，亦称等效孔径（EOS）。

2.2 符 号

A——基础底面积，或计算静水压力的区域面积；

d_{85}——被保护土层的特征粒径，即小于此粒径的土粒质量占全部土粒质量的85%；

G——地下结构及附加物（上部结构及覆盖填土等）的重力标准值，即总抗浮力标准值；

K——安全系数；

K_d——排水体导排水安全系数；

K_w——地下结构或计算区域的抗浮稳定安全系数；

k——渗透系数；

k_g——土工织物垂直渗透系数；

k_s——被保护土层的渗透系数；

h_c——地下结构底板底面至承压含水层顶板之间的土层厚度；

i——水力梯度；

L——渗流路径长度；

m_i——抗浮力组合系数；

N_w——地下水总浮力标准值；

O_{95}——土工织物的表观孔径；

p_w——静水压力或者承压水头产生的压力；

R——水力影响半径；

Q——入渗流量；

q_d——排水带（盲沟）通水量；

q_n——排水层（复合排水网）单宽通水量；

q_w——泄压井的排水量；

α——盲沟排水效率系数；

γ——重度；

γ_w——地下水的重度；

γ_{sat}——土的饱和重度；

ΔH——水位（水头）差；

Δh_c——使用期设定的水位变动区间或静水压力差换算的水头差。

3 基本规定

3.0.1 采用隔排水主动抗浮工程的设计工作年限不应低于主体结构的设计工作年限。

3.0.2 隔排水主动抗浮工程应包括排水系统、隔水系统和地下水监控系统。根据地层条件，隔水系统可考虑设置或利用止水帷幕。

3.0.3 隔排水主动抗浮技术应满足单位入渗流量不大于 $0.05\ m^3/(m^2 \cdot d)$的使用条件，当长期排水可能影响周边环境正常使用时，应进行专项论证。

3.0.4 隔排水主动抗浮工程除进行常规岩土工程勘察外，尚应提供相关地层的水文地质参数，进行地下水水质化验分析。

3.0.5 采用隔排水主动抗浮的工程，可将基坑围护止水帷幕与主动抗浮措施相结合，进行基坑围护和地下结构抗浮一体化设计和施工。

3.0.6 隔排水主动抗浮稳定性验算的荷载取值应符合现行国家标准《建筑结构荷载规范》GB 50009 和现行行业标准《建筑工程抗浮技术标准》JGJ 476 的相关规定。

3.0.7 隔排水主动抗浮设计必须满足抗浮稳定性要求，结构和构件的承载力、变形及抗浮设施的有效性应符合抗浮性能及结构设计要求。

3.0.8 隔排水主动抗浮工程应考虑施工引起的地基土回弹再压缩及土体自重应力的变化，对主动抗浮工况下地基承载力和变形进行验算。

3.0.9 隔排水主动抗浮工程构件和材料的耐久性应满足地下结构的工作年限，可更换构件或设备应明确更换标准，按期更换维护;在地下结构工作年限内,排水体长期透水与排水性能应满足排水要求。

3.0.10 隔排水主动抗浮工程施工应编制专项施工方案。

3.0.11 隔排水主动抗浮工程质量验收应符合现行国家标准《建筑工程施工质量验收统一标准》GB 50300、《建筑地基基础工程施工质量验收规范》GB 50202 及相关验收规范要求。

3.0.12 隔排水主动抗浮工程应在建筑工作年限内对地下水进行实时监测,监控隔排水系统的运行情况。

4 材料与设备

4.1 一般规定

4.1.1 隔排水主动抗浮工程所用的隔排水材料和反滤材料应满足耐久性和环保要求。

4.1.2 用于抽排水的水泵应具有自动触发启动装置，其排水能力应不小于主动抗浮工程使用期内预计的最大入渗流量的2倍。

4.1.3 监控系统应包括监测元件、预警系统和控制平台，并符合下列要求：

1 监测元件应满足精度要求并可更换。

2 控制系统应具备按照预设条件自动启动水泵排水的功能。

3 当监控系统出现异常时，预警系统应具备自动判断和报警功能。

4.1.4 抽排水及监控系统应有备用设备和电源。

4.2 材 料

4.2.1 肥槽封堵隔水材料可选用土工膜、复合土工膜、土工防水毯(GCL)、混凝土、三合土、流态固化土或压实黏土层等。隔水材料的性能应满足下列要求：

1 聚乙烯土工膜应符合现行国家标准《土工合成材料 聚乙烯土工膜》GB/T 17643的规定，特性指标应符合表4.2.1的规定。使用土工膜作为封堵材料时，应在其上、下设置无纺土工织物或黏性土保护层。

2　复合土工膜应符合现行国家标准《土工合成材料　非制造布复合土工膜》GB/T 17642 的规定，其中土工膜厚度和力学性能应符合表 4.2.1 的规定。

3　土工防水毯(GCL)应符合现行行业标准《钠基膨润土防水毯》JG/T 193 的规定，且单位面积质量不应小于 4 800 g/m^2，水化后的渗透系数不应大于 5×10^{-9} cm/s。

4　压实黏土层应由黏土在最优含水率 (w_{opt}) ± 2% 下碾压或夯实而成，厚度不应小于 2.0 m，渗透系数不应大于 1×10^{-7} cm/s。

5　采用三合土或流态固化土封堵肥槽时，厚度不应小于 2.0 m，渗透系数不应大于 1×10^{-7} cm/s。

表 4.2.1　土工膜的特性指标

项目	性能指标	单位	测试方法
厚度	≥0.5	mm	《土工合成材料测试规程》SL 235
抗拉强度	≥10	MPa	
刺破强力	≥300	N	
极限延伸率	≥40	%	

4.2.2　止水帷幕材料除应满足基坑围护使用要求外，尚应符合作为隔水系统的止水要求。

4.2.3　排水系统排水体应根据工程特点和入渗流量大小选择排水层、排水带或泄压井，按照排水量的大小可在排水层或排水带内布置导水管，并采用集水管将排水体、导水管汇集的入渗水流导入集水坑。排水体材料应满足下列要求：

1　土工复合排水网作为排水层时，其导水率和排水网芯材的抗压强度应符合表 4.2.3 的规定，土工织物应满足第 4.2.4 条的规定。

2　碎石盲沟中碎石最大粒径不宜超过 50 mm，细颗粒(粒径小于 0.075 mm)的含量应小于 5%，不应含有有害成分或易降解成分。盲沟外应设置无纺土工织物滤层，无纺土工织物应满足

第4.2.4条的规定。

3 泄压井应采用过滤装置，材质宜为钢材，滤料粒径宜为0.25 mm～2 mm，不均匀系数 C_u 不宜大于3。

4 导水管壁上的排水孔最大孔径不宜大于碎石的限制粒径(d_{30})，预计最大竖向压力下导水管的直径变化率不宜大于5%。

5 集水管可采用不锈钢管、PE管或PVC管等制成。导水管可采用无砂管；当采用不锈钢管、PE管和PVC管时，均应在管壁上打孔，并采用无纺土工织物包裹。

表4.2.3 复合排水网性能指标

<table>
<tr><th colspan="2">项目</th><th>性能指标</th><th>单位</th><th>测试方法</th></tr>
<tr><td colspan="2">单宽通水量</td><td>≥3×10⁻³</td><td>m³/(m·s)</td><td rowspan="4">《土工合成材料测试规程》SL 235</td></tr>
<tr><td rowspan="3">芯材</td><td>压屈强度</td><td>≥300</td><td>kPa</td></tr>
<tr><td>压屈应变</td><td>≤20</td><td>%</td></tr>
<tr><td>纵向抗拉强度</td><td>≥8</td><td>kN/m</td></tr>
</table>

4.2.4 无纺土工织物作为层状排水体和带状排水体的反滤材料时，宜采用短纤针刺或长丝纺黏土工织物，其特性指标应满足表4.2.4的规定。土工织物的反滤性能应满足下列要求：

1 土工织物的保土性应满足式(4.2.4-1)要求：

$$O_{95} \leqslant 2d_{85} \tag{4.2.4-1}$$

式中：O_{95}——土工织物的表观孔径，按本标准附录A的测试方法试验确定；

d_{85}——被保护土质量累计百分数等于85%对应的粒径。

2 土工织物的透水性应满足式(4.2.4-2)要求：

$$k_g \geqslant 100k_s \tag{4.2.4-2}$$

式中：k_g——土工织物的垂直渗透系数(m/s)；

k_s——被保护土层的渗透系数(m/s)。

3 土工织物防淤堵试验中梯度比(GR)应不大于3.0，试验应采用拟选择的土工织物和被保护土按本标准附录B进行。当单独采用土工织物不能满足防淤堵要求时，可选择土工织物与砂石透水材料组成的复合滤层。

表 4.2.4 无纺土工织物反滤层性能指标

项目	性能指标	单位	测试方法
经纬向断裂强度	≥25	kN/m	《土工合成材料测试规程》SL 235
经纬向断裂伸长率	≥40	%	
CBR 顶破强度	≥4.0	kN	
经纬向梯形撕破强力	≥0.7	kN	
单位面积质量	150～300	g/m^2	

4.3 设　备

4.3.1 用于抽排集水坑内地下水的水泵，应结合建筑给排水专业的要求进行水泵选型，根据排水量来确定其功率和扬程。应配备双水位自动控制装置，根据集水坑的水位变化自动排水和关闭。

4.3.2 用于泄压的水泵，应根据排水量、地下结构埋深和抗浮控制水位等条件确定其功率和扬程。应配备双水压自动控制装置，根据监测的水压变化自动排水和关闭。

4.3.3 监控设备应实时采集水位、水头压力与排水量等信息，根据水位与水头压力自动控制排水泵的开闭与电机的转速。

5 设计

5.1 一般规定

5.1.1 设计前应掌握场地的工程地质与水文地质条件、地下结构的特点和要求，应对周边环境进行调查。

5.1.2 抗浮控制水位应根据地下结构埋深、上覆荷载情况和抗浮设防水位等综合确定，地下结构应满足抗浮稳定性要求。

5.1.3 排水体类型应根据抗浮控制水位和计算排水量选择，并与地下结构设计相适应。

5.1.4 地下结构隔排水主动抗浮设计时，应考虑隔排水措施对基础变形的影响，分析评价地下水水位变化对场地稳定性和地基承载力的影响，并评估对周边环境可能产生的工程危害，提出防治措施。

5.2 勘察要求

5.2.1 地下结构隔排水主动抗浮工程勘察应与工程项目岩土工程勘察相结合，勘察成果资料应满足地下结构隔排水主动抗浮工程设计和施工要求。

5.2.2 勘察前应对场地气象、水文条件进行调查，并应包括下列内容：

1 本地区历史气象资料。

2 区域水文条件，地下水补给、径流、排泄条件。

3 地表水积聚情况、与地下水的水力联系以及对地下水位的影响资料。

4 历史最高水位。

5.2.3 当遇有承压水且对地下结构抗浮有影响时，应进行专项水文地质勘察。

5.2.4 专项水文地质勘察宜通过原位测试确定抗浮设计所需的含水层水文地质参数。

5.2.5 专项水文地质勘察宜在水文地质调查与测绘、物探和已有资料的基础上进行，并应符合下列规定：

1 当基底为不透水层或相对隔水层时，勘探孔应穿透不透水层或相对隔水层，对厚层不透水层或相对隔水层，孔深不应小于基底以下 10 m。

2 当勘探孔仅用于量测地下水水位时，单一含水层应进入基底以下不小于 2 m，多层含水层相连时，应进入基底下首个含水层顶面以下不小于 3 m。

3 当需进行抽水试验时，孔深应进入含水层下部不小于 3 m，并应符合现行上海市工程建设规范《建设工程水文地质勘察标准》DG/TJ 08—2308 的规定。

4 承压含水层应进行地下水水位动态监测，监测时间不宜少于 7 d。

5 水位观测结束后应对钻孔进行封孔。

5.2.6 水文地质勘察测试项目应根据主动抗浮工程建设需要和场地水文地质条件、试验目的等因素综合确定，并应符合下列规定：

1 测试内容宜包括地下水位、地下水出水量、孔隙水压力、水质、含水层水文地质参数等。

2 水文勘察测试参数及测定方法应按表 5.2.6 执行，抽水试验要点可按本标准附录 C 执行。

表 5.2.6　地下水测试方法及适用范围

<table>
<tr><th colspan="2">测试项目</th><th colspan="2">测试方法</th><th>适用范围</th></tr>
<tr><td colspan="2" rowspan="3">地下水位</td><td colspan="2">水尺法</td><td>人工测读</td></tr>
<tr><td colspan="2">电测水位计法</td><td>人工测读</td></tr>
<tr><td colspan="2">电测孔压计法</td><td>人工及自动化测读</td></tr>
<tr><td colspan="2" rowspan="5">水量</td><td colspan="2">量筒法(容积法)</td><td>水量很小,小于或等于 1 000 cm^3/s</td></tr>
<tr><td>流量计法</td><td>电磁流量计、水表、超声流量、孔板流量计</td><td>水量大于或等于 2 000 cm^3/s</td></tr>
<tr><td rowspan="3">堰测法</td><td>三角形</td><td>水量 1 000 cm^3/s～70 000 cm^3/s</td></tr>
<tr><td>梯形</td><td>水量大于 50 000 cm^3/s</td></tr>
<tr><td>矩形</td><td>水量大于 10 000 cm^3/s</td></tr>
<tr><td colspan="2" rowspan="2">孔隙水压力</td><td>封闭式</td><td>电测式孔压计、光纤光栅式孔压计</td><td>各种渗透性质的土层</td></tr>
<tr><td>开口式</td><td>测压管</td><td>适用于渗透系数大于 1×10^{-5} cm/s 的土层</td></tr>
<tr><td colspan="2" rowspan="2">水质常规指标</td><td colspan="2">原位电测法</td><td>用于测试地下水溶解氧、pH、浊度、水温、电导率和氧化还原电位</td></tr>
<tr><td colspan="2">室内试验法</td><td>根据测试项选用</td></tr>
<tr><td rowspan="10">含水层水文地质参数</td><td rowspan="8">渗透系数</td><td>静力触探</td><td>孔压静探试验</td><td>黏性土、粉性土、砂性土</td></tr>
<tr><td rowspan="4">注水试验</td><td>试坑单环法</td><td>地下水位埋深大于 5 m 的黏性土和粉性土层</td></tr>
<tr><td>试坑双环法</td><td>地下水位埋深大于 5 m 的砂土层、砂卵砾石层</td></tr>
<tr><td>钻孔常水头法</td><td>渗透性较强的砂土层</td></tr>
<tr><td>钻孔变水头法</td><td>渗透性较弱的粉性土、黏性土层</td></tr>
<tr><td rowspan="3">室内试验</td><td>常水头渗透试验</td><td>渗透性较强的砂土层</td></tr>
<tr><td>变水头渗透试验</td><td>渗透性较弱的粉性土、黏性土层</td></tr>
<tr><td>渗压试验</td><td>需考虑压力变化对渗透系数影响时</td></tr>
<tr><td rowspan="2">影响半径、贮水系数</td><td colspan="2">抽水试验</td><td rowspan="2">各种类型含水层</td></tr>
<tr><td colspan="2">回灌试验</td></tr>
</table>

续表5.2.6

<table>
<tr><th colspan="2">测试项目</th><th>测试方法</th><th>适用范围</th></tr>
<tr><td rowspan="3">含水层水文地质参数</td><td>越流系数、越流因数</td><td>群井抽水试验</td><td>各种类型含水层</td></tr>
<tr><td rowspan="2">毛细水上升高度</td><td>试坑观测</td><td>地下水位埋深大于5 m的黏性土和粉性土层</td></tr>
<tr><td>室内试验</td><td>各种类型含水层</td></tr>
</table>

5.2.7 地下水抗浮评价应包括下列内容：

1 地下水类型、埋藏条件、水位及其动态变化规律，不同含水层的水力联系。

2 根据地下水类型、变化规律和补给与排泄等条件，提出总体或分区抗浮设防水位的建议。

3 对可能的抗浮设计方案和措施进行分析评价，对抗浮方案提出建议。

4 当基础下存在承压含水层时，评价基底隆起或产生突涌的可能性。

5 采用隔排水主动抗浮技术时，评价地下水对隔排水设施的腐蚀性和减少淤堵措施建议，评价排水对周围环境可能产生的影响。

5.2.8 既有地下结构抗浮治理前，应对既有结构及存在的问题进行调查，并应包括下列内容：

1 结构竖向位移量及变化速率。

2 结构裂缝分布范围、张开量及变化速率。

3 结构受损程度及位置。

4 地下水位及变化量。

5 覆土、压重等抗浮荷载与设计条件一致性。

6 既有抗浮构件有效性及需要治理的范围。

7 治理范围内工程地质、水文地质条件变化情况。

5.3 抗浮稳定性计算

5.3.1 抗浮设防水位可分为施工期抗浮设防水位和使用期抗浮设防水位，应通过勘察确定。

5.3.2 抗浮控制水位宜基于按需降水的原则，设定为地下结构底板底面或高出底板底面一定高度。

5.3.3 地下结构隔排水主动抗浮稳定性应满足式(5.3.3)的规定：

$$G/N_w \geqslant K_w \tag{5.3.3}$$

式中：G——作用在地下结构上的总抗浮力标准值(kN)；

N_w——作用在地下结构上的地下水总浮力标准值(kN)；

K_w——地下结构抗浮稳定安全系数，取1.10。

5.3.4 地下结构承受的浮力应按照基底所在含水层中的静水压力差进行计算；若在基底以下存在承压含水层，应验算地下结构抗承压水突涌的稳定性。

1 潜水含水层中抗浮控制水位与地下结构底板底面之间的水位差产生的浮力标准值按式(5.3.4-1)计算：

$$p_w = \gamma_w \Delta H \tag{5.3.4-1}$$

式中：p_w——单位基底面积上由水位差产生的浮力标准值(kPa)；

γ_w——地下水的重度(kN/m^3)；

ΔH——抗浮控制水位与地下结构底板底面之间的水位差(m)。

2 抗承压含水层突涌的稳定性应满足式(5.3.4-2)要求：

$$\frac{\gamma h_c + p_c}{p_w} \geqslant 1.10 \tag{5.3.4-2}$$

式中：γ——地下结构底板底面至承压含水层顶板之间土层的厚度加权平均天然重度(kN/m^3)；

h_c——地下结构底板底面至承压含水层顶板之间的土层厚度(m)；

p_c——地下结构及上部填料自重共同作用下的基底压力(kPa)，应根据施工节点和施工工况确定，在排水体施工阶段应取0 kPa；

p_w——承压含水层水头产生的压力值(kPa)。

5.3.5 地下结构的抗浮力计算应符合下列规定：

1 施工期抗浮力取不同施工阶段地下结构自重。

2 使用期抗浮力取地下结构自重与地下结构上部填料自重(当地下结构底板外挑时，含外挑结构上的填料自重)的组合值。

3 地下结构自重标准值应按结构设计尺寸及其材料重度计算确定；地下结构顶部和挑出部分上填料自重标准值，抗浮控制水位以上的应按天然重度计算，水位以下的应按饱和重度计算确定。

4 抗浮力的组合系数按表5.3.5取值。

表5.3.5 抗浮力组合系数

抗浮力类型	系数
地下结构自重	1.00
结构上部及外挑结构上填料自重	0.95

5.3.6 地下结构底板刚性时，整个地下结构或某一计算区域的抗浮稳定性应满足式(5.3.6)的要求：

$$\frac{\sum m_i G_i}{\sum A_i p_{wi}} \geqslant K_w \tag{5.3.6}$$

式中：K_w——地下结构或计算区域的抗浮稳定安全系数，取1.10；

G_i——地下结构或计算区域作用的第 i 项抗浮力标准值(kN)；

m_i——地下结构或计算区域作用的第 i 项抗浮力的组合系

数，按表 5.3.5 取值；

A_i——地下结构基底或计算区域的底面积（m^2）；

p_{wi}——由水头差产生的作用于地下结构基底或某计算区域上的静水压力（kPa）。

5.4 地下水入渗流量计算

5.4.1 当采用止水帷幕时，初步抗浮设计阶段可根据最短渗流路径估算使用期的入渗流量（图 5.4.1）。

1 使用期的入渗流量可按照式（5.4.1-1）计算：

$$Q_r = 864 k_V i A \tag{5.4.1-1}$$

式中：Q_r——地下水总入渗流量，亦即需要排水系统排出的流量（m^3/d）；

k_V——地下水渗流路径上各土层渗透系数的当量值（cm/s）；

i——渗流路径上的平均水力梯度；

A——止水帷幕内侧围成的面积（m^2）。

2 地下水渗流路径上土层渗透系数的当量值，可按式（5.4.1-2）计算：

$$k_V = \frac{\sum_{j=1}^{n} h_j}{\sum_{j=1}^{n} \frac{h_j}{k_j}} \tag{5.4.1-2}$$

式中：h_j——第 j 土层的厚度（m）；

k_j——第 j 土层的垂直渗透系数（cm/s）。

3 渗流路径上的平均水力梯度，可按式（5.4.1-3）计算：

$$i = (\Delta H + \Delta h_c)/L \tag{5.4.1-3}$$

式中：ΔH——抗浮设防水位与抗浮控制水位之间的水位差（m）；

Δh_c——由使用期设定的水位变动区间或压力差按静水压力换算的水头差(m)；

L——地下水渗流路径长度，可取抗浮设防水位至止水帷幕底部的垂直距离与止水帷幕底部至地下结构底板的垂直距离之和。

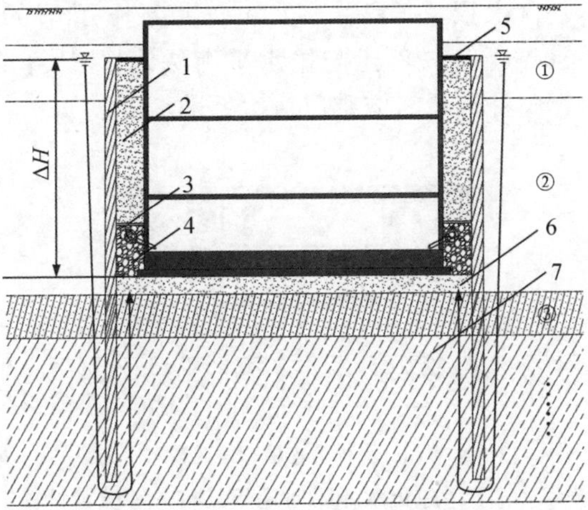

1—止水帷幕；2—隔水回填；3—无纺土工织物；4—砾石；5—膨润土防水毯隔水；6—滤水层；7—弱透水性土层

图 5.4.1　地下结构入渗流量计算简图

5.4.2　不考虑止水帷幕时，初步设计阶段可按式(5.4.2)计算使用期的入渗流量(图 5.4.2)。

$$Q_r = \frac{\pi k (H_0{}^2 - H_w{}^2)}{\ln\left(\frac{R + R_0}{R_0}\right)} \quad (5.4.2)$$

式中：Q_r——地下水总入渗流量，亦即需要排水系统排出的流量(m^3/d)；

k——地下水渗流路径上各含水层渗透系数的当量值

(m/d)，多层含水层时按式(5.4.1-2)计算；

H_0——抗浮设防水位至含水层层底高度(m)；

H_w——抗浮控制水位至含水层层底高度(m)；

R_0——地下室底板等效半径(m)，可按 $R_0=\sqrt{A/\pi}$ 计算，其中 A 为地下室面积(m^2)；

R——含水层在(H_0-H_w)水头差作用下的影响半径(m)，宜按补给与排水平衡法计算，计算单位面积降雨补给量时应乘以放大系数2.0。

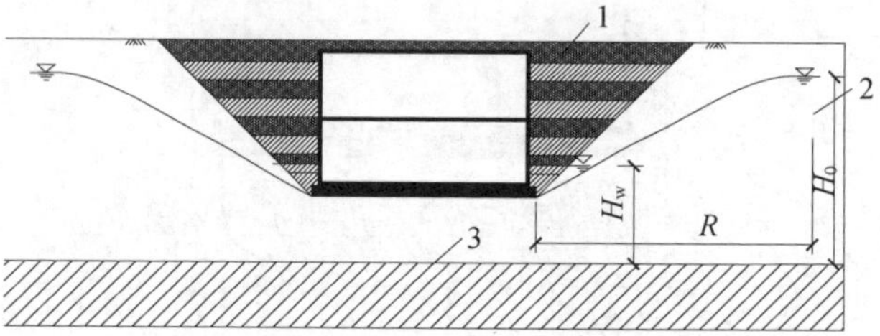

1—肥槽；2—潜水含水层；3—弱透水性土层

图 5.4.2 不考虑止水帷幕时地下结构入渗流量计算简图

5.4.3 施工图设计阶段，应采用数值模拟方法计算地下水入渗流量，并应符合下列规定：

1 根据地下水动力学基本原理，按稳定流建立地下水渗流基本微分方程。

2 根据地下结构埋深和潜水含水层与承压含水层的水力联系，确定是否考虑地下水越流补给。

3 建立地下水渗流数值模型时，可将抗浮设防水位和抗浮控制水位(或泄压井井水位)分别简化为基坑内外的常水头边界；当需考虑承压含水层越流时，应另设定承压含水层水头。

4 数值模型的主要水文地质参数应通过现场试验获得，并通过基坑降水检验地下水渗流数值模型参数的合理性。

5 当采用排水层、排水盲沟作为排水体时，可将排水体在基底的分布面积简化为井点截面积，估算入渗流量。

5.5 排水系统设计

5.5.1 排水系统应设置专门的导水管，汇入集水坑。

5.5.2 排水体的结构和布置形式应根据排水体类型进行设计，并符合下列要求：

1 排水层宜选择复合排水网或碎石层(图 5.5.2-1)，在地下结构基底下满铺，按一定的间距设置导水管，将地下水导入集水坑；采用复合排水网作排水层时，导水管间距不宜大于 40 m；采用碎石排水层时，排水网应改为碎石层，碎石层下面应设置土工织物滤层。

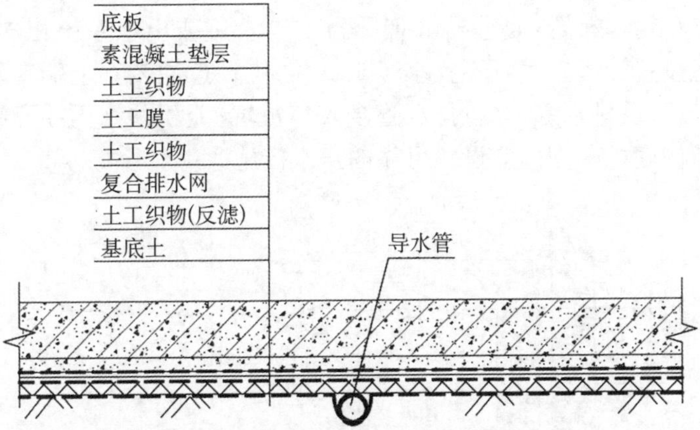

图 5.5.2-1 复合排水网结构与布置形式简图

2 排水盲沟(图 5.5.2-2)可在地下结构基底下沿相互垂直的两个方向均匀布置，在碎石盲沟内埋设导水管或集水管，分别将地下水导入集水管和集水坑中；盲沟的截面尺寸应根据计算确定，导水能力应满足预计最大排水量需求。采用排水盲沟时，导水管间距不宜大于 30 m，集水管间距不宜大于 40 m。

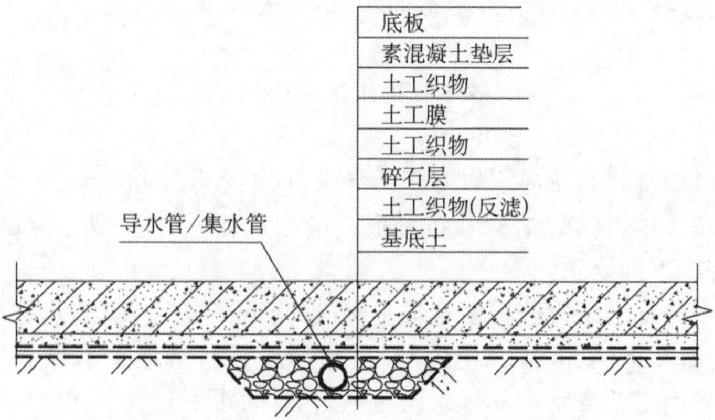

图 5.5.2-2　排水盲沟结构与布置形式简图

3　泄压井(图 5.5.2-3 和图 5.5.2-4)在地下结构基底下宜呈点状均匀布置,通过导水管(沟)与集水坑或出水系统相连通;过滤装置深入基底下不宜小于 1.0 m,应在过滤装置上端安装三通、球阀及排水管,并将排水管接入集水坑;泄压井结构在穿越主体结构底板范围内应设置可靠的止水措施。

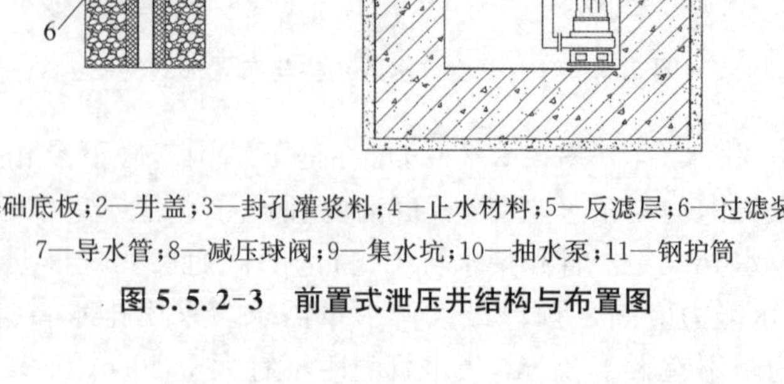

1—基础底板;2—井盖;3—封孔灌浆料;4—止水材料;5—反滤层;6—过滤装置;
7—导水管;8—减压球阀;9—集水坑;10—抽水泵;11—钢护筒

图 5.5.2-3　前置式泄压井结构与布置图

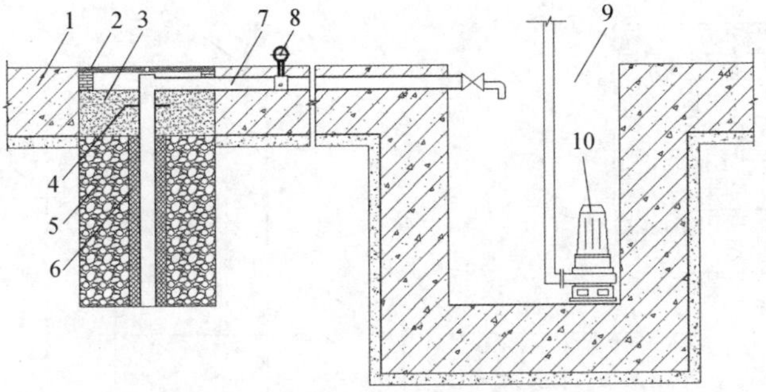

1—基础底板；2—井盖；3—封孔灌浆料；4—止水材料；5—反滤层；6—过滤装置；
7—导水管；8—减压球阀；9—集水坑；10—抽水泵

图 5.5.2-4 后置式泄压井结构与布置图

4 前置式泄压井(图 5.5.2-3)应在垫层和底板浇筑前下放钢护筒，直径不宜小于 600 mm，外侧应设环状止水钢板，钢护筒深度应至垫层底部以下不宜小于 300 mm，待底板混凝土浇筑完成且强度达到设计要求后，将过滤装置送入底板以下。

5 后置式泄压井(图 5.5.2-4)底板上开孔孔径不宜小于 850 mm，钢护筒直径不宜小于 800 mm，钢护筒深度应至泄压井井底，钢护筒与孔壁间应用灌浆料封闭。

6 底板面层上开凿导水管沟槽时，沟槽深度不应超过底板上部钢筋表面。

5.5.3 排水体收集的入渗水可通过导水管、集水管以自流方式汇入集水坑(图 5.5.3-1)，亦可在排水体内设置水压监测系统，当水压达到设定的阈值时自动抽水泄压(图 5.5.3-2)。

5.5.4 排水层、排水盲沟上应覆盖土工膜，土工膜厚度不应小于 0.3 mm，土工膜上应铺设无纺土工织物保护层。

5.5.5 当采用土工复合排水网时，单宽通水量 q_n 可在预期法向应力和水力梯度下通过室内试验确定。当法向压力和水力梯度尚不明确时，可按法向应力 100 kPa 和水力梯度 0.25 进行试验；当采用碎石排水层时，厚度不宜小于 400 mm。

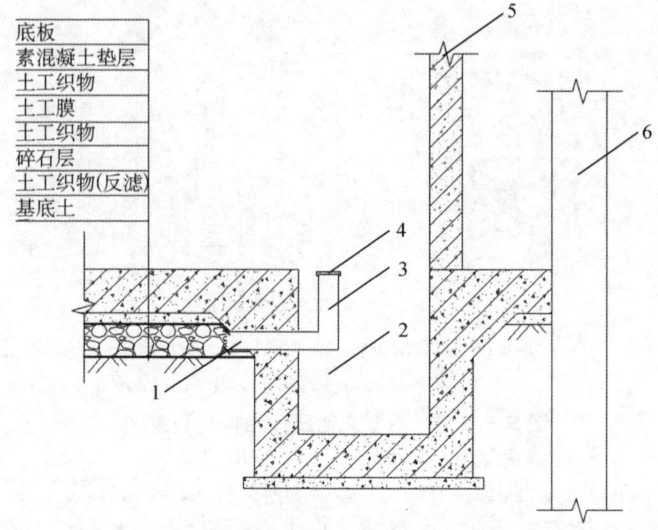

1—集水管与钢管连接；2—集水坑；3—不锈钢管；
4—不锈钢网格盖板；5—外墙；6—围护结构

图 5.5.3-1　排水自动溢流结构与集水坑简图

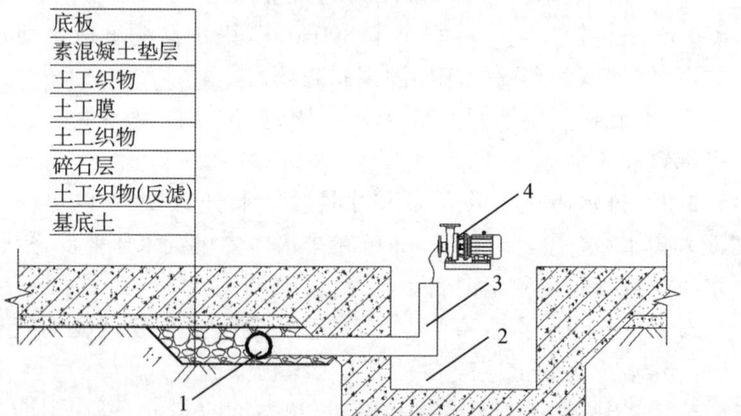

1—集水管内嵌 T 形不锈钢管；2—集水坑；3—T 形不锈钢管(内置水压监测)；4—主动抽水泵

图 5.5.3-2　主动抽水泄压结构与集水坑简图

5.5.6 排水盲沟的截面形式宜呈倒梯形，深度以 0.4 m～0.5 m 为宜，边坡坡率宜取 1∶0.75～1∶1.0；相互平行的排水盲沟间距宜取 20 m～30 m，相互交叉的盲沟应水力联通。盲沟的导水能力可按式(5.5.6)估算：

$$q_d = \alpha k_d i_d A_d \tag{5.5.6}$$

式中：q_d——碎石盲沟的通水量(m^3/s)；

α——盲沟排水效率系数，不宜超过 0.6；

k_d——盲沟内碎石填粒压实后的渗透系数(m/s)，可根据碎石粒径、碎石土的不均匀系数取 0.01 m/s ～0.1 m/s；

i_d——盲沟内渗流的水力梯度，计算 i_d 时，水头差可按 1.0 m 考虑；

A_d——盲沟的断面面积(m^2)。

5.5.7 泄压井应根据地下结构的构造特点在基底下均匀布置，井管外设置反滤层，井径可取 600 mm～800 mm，井深可取 1.0 m～2.0 m，单井涌水量可按式(5.5.7)估算：

$$q_w = k_s i_w A_w \tag{5.5.7}$$

式中：q_w——单井涌水量(m^3/s)；

k_s——泄压井所在土层的渗透系数(m/s)；

i_w——由抗浮设防水位与泄压井的抗浮控制水位之间水头差引起的渗流路径上的平均水力梯度，渗流路径长度取井的等效影响半径；

A_w——泄压井过水断面面积(m^2)。

5.5.8 排水体的导水能力应符合下列规定：

1 采用复合排水网时，应满足式(5.5.8-1)的要求：

$$q_n C / Q_r \geqslant K_d \tag{5.5.8-1}$$

2 采用排水盲沟时，应满足式(5.5.8-2)的要求：

$$n q_d / Q_r \geqslant K_d \tag{5.5.8-2}$$

3　单独采用泄压井时，应满足式(5.5.8-3)的要求：

$$n_w q_w / Q_r \geqslant K_d \quad (5.5.8\text{-}3)$$

式中：q_n，q_d，q_w——分别为复合排水网单宽通水量、排水带(盲沟)通水量和泄压井的单井涌水量(m^3/s)；

Q_r——地下水入渗流量(m^3/s)；

C——复合排水网的周长(m)；

n——排水盲沟泄水口数量；

n_w——泄压井的数量；

K_d——排水体的导排水安全系数，取 10。

5.5.9　集水坑应根据排水体结构和布置形式，结合建筑及给排水专业设计进行布置，也可单独设置；集水坑的数量和尺寸可根据地下水入渗流量确定。

5.5.10　导水管和集水管直径宜根据流量确定，导水管最小直径不宜小于 40 mm，集水管最小直径不宜小于 60 mm。

5.5.11　抽水泵的数量和功率应根据入渗流量和集水坑数量确定。

5.5.12　应设置主动抽水泄压装置，并与监控系统相结合。当基底水压力达到报警值时，应启动主动抽水装置排水泄压。应急泄压抽水泵可按 25%的比例备用。

5.5.13　排水系统可设置反冲洗装置。

5.6　隔水系统设计

5.6.1　隔水系统应由止水帷幕、肥槽封盖和地下结构基底隔水层或相对隔水层构成，隔水层或相对隔水层的厚度不应小于 2.0 m。

5.6.2　止水帷幕应结合基坑围护结构设计，并符合下列规定：

1　止水帷幕应满足耐久性要求，使用年限不应少于地下结构的使用寿命。

2 止水帷幕可采用水泥土搅拌桩(墙)、旋喷桩、地下连续墙等,水泥土渗透系数不应大于 1×10^{-7} cm/s,28 d 无侧限抗压强度不小于 0.8 MPa。

3 当地下结构基底位于含水层时,止水帷幕应插入含水层下方隔水层或相对隔水层的深度不应小于 2.0 m。

5.6.3 在基坑开挖过程中,应对止水帷幕的防渗质量进行检查,对存在的渗漏点(缝)等应做好标记,并在肥槽回填前进行封堵处理,并加强地下室侧墙的抗渗防潮功能。

5.6.4 肥槽隔水措施应符合下列规定:

1 肥槽应分层压实回填,压实系数不应小于 0.92;用土工膜作为隔水封盖时,应在膜上下铺设一层无纺土工织物进行保护。

2 采用土工膜或复合土工膜作为隔水材料时,应在两侧向上反折,反折高度不低于 500 mm,并在止水帷幕和地下结构外墙上固定。

3 采用土工防水毯作为隔水材料时,应边到边满铺,与止水帷幕和地下结构外墙紧密贴合。

4 可在肥槽底部采用混凝土或压实黏土作为隔水材料,若采用混凝土,厚度可与底板一致;若采用压实黏土,厚度不应小于 2.0 m,渗透系数不大于 1×10^{-7} cm/s。

5.7 结构及构造设计

5.7.1 天然地基或桩基的承载力应根据主动抗浮设计水位及历史低水位两者的低值进行验算。地下室外墙以及基础底板受力应根据主动抗浮技术要求进行计算。

5.7.2 基础底板和地下室外墙板的水压力可按照静水压力计算,基础底板与地基土产生的反力宜按弹性地基板进行计算。

5.7.3 当基础底板按防水板设计时,在独立基础、独立承台、反柱帽、混凝土墙周围宜设置软垫层，厚度不应小于 25 mm，宽度不应小于 500 mm，防水板的厚度不应小于 250 mm(图 5.7.3)。

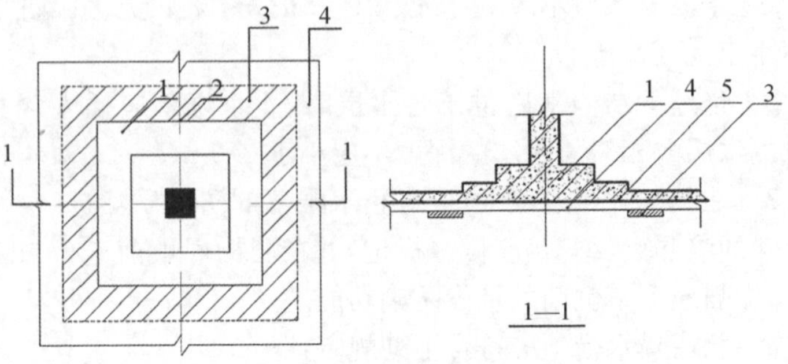

1—独立基础；2—独立基础边缘中点；3—软垫层；
4—抗浮板底素混凝土垫层；5—防水板

图 5.7.3 软垫层设置

5.7.4 基础底板和外墙板的结构设计，除了按承载能力极限状态设计外，应结合建筑构造和抗浮控制水位综合确定正常使用极限状态裂缝控制指标。

5.7.5 隔排水主动抗浮技术可与抗拔桩结合使用，根据地质情况选用桩基、复合地基、天然地基等，也可采用部分桩基、部分天然地基或复合地基。

5.7.6 在结构设计中，应结合故障处置和防浮除险进行构造设计。

5.7.7 止水帷幕与结构底板之间应间隔设置传力板带。

5.7.8 采用泄压井对既有地下结构抗浮治理时，地下结构或计算区域抗浮稳定性应满足第 5.3.6 条要求，且不宜考虑已失效抗浮构件抗浮力作用，既有地下结构构件应满足泄水减压作用下承载力及变形要求。

6 施 工

6.1 一般规定

6.1.1 施工前应根据设计文件、现场地质条件和环境条件编制专项施工方案，经审批后方可实施。

6.1.2 编制专项施工方案前应收集下列资料：

1 岩土工程勘察报告和水文地质勘察报告。

2 地下结构设计施工图，隔排水主动抗浮设计施工图及图纸会审纪要。

3 场地周边环境条件，道路、市政管线与既有建筑等分布及保护要求。

4 基坑围护的止水与隔水设计方案。

5 基坑土方开挖方案，垫层和底板分块施工顺序及施工节点要求。

6.1.3 应对进场施工机械设备进行检验，对测量、监控元器件进行标定。

6.1.4 应根据设计要求完成试验性施工及相关检测，反馈设计单位。

6.1.5 应根据施工范围、现场条件，做好主动抗浮设施与地下结构分区分块施工部署，协调施工顺序，做好抗浮设施的成品保护，避免后续施工对抗浮设施的损坏。

6.1.6 施工过程中应对环境、已施工完成设施和地下水位等进行监测，并做好记录。

6.1.7 抗浮设施在隐蔽前应进行检验和验收，并形成验收文件。

6.2 排水系统施工

6.2.1 排水系统可按图 6.2.1 所示流程进行施工。

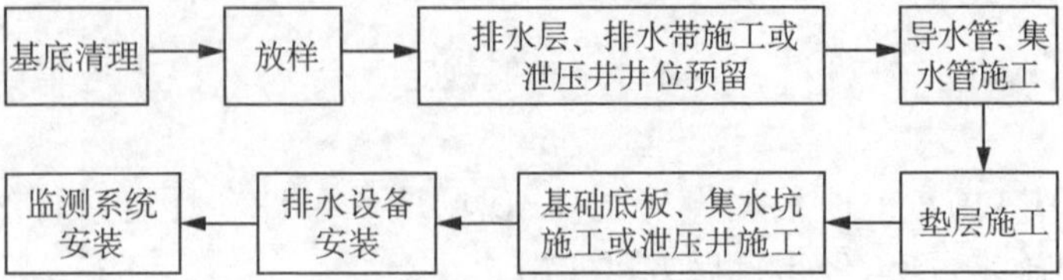

图 6.2.1 排水系统施工工序示意图

6.2.2 基底清理应符合下列规定:

1 应清除施工场区障碍物和影响施工的结构物、废弃杂物等。

2 施工场区应开挖至设计标高,不可超挖。采用机械挖土时,距坑底高程 200 mm～300 mm 时应配合人工整平。

3 基坑开挖到底,应在 24 h 内完成验槽工作,应减少对坑底土的扰动,避免雨水浸泡。

4 降排水措施应保证场地地下水水位不高于开挖面以下 1.0 m。

6.2.3 现场放样应符合下列规定:

1 轴线位置的允许偏差为 15 mm。

2 点位放样的允许偏差为 20 mm。

3 平面尺寸的允许偏差为 10 mm。

4 如施工场地松软,应采取有效措施,确保施工工作面稳定干燥。

6.2.4 复合排水网排水层施工应符合下列规定:

1 铺设土工织物滤层时应紧贴原地层,铺设时应连续,搭接宽度不应小于 200 mm。

2 土工织物滤层与复合排水网之间应安装水平导水管网。

3　铺设复合排水网时应连续，宜采用对接方式连接。复合排水网平整面接触下方土工织物滤层，对接连接处应用耐腐蚀材料绑扎，绑扎间距不应大于 2.0 m；复合排水网顶面宜连续铺设土工织物，作为土工膜下保护层。

4　铺设土工膜时应连续，采用热熔法搭接，搭接宽度不应小于 200 mm。

5　铺设土工织物作为土工膜上保护层时应连续，搭接宽度不应小于 150 mm，搭接完成后应反折用固定钉固定，搭接处每隔 2 m～3 m 应使用∏形钢钉固定。

6　排水系统铺设区域边缘、桩基与立柱桩等收边处，应采用土工膜上保护层向下将排水层翻包，翻包宽度不宜小于 200 mm。

7　当采用碎石排水层时，应用土工织物滤层包裹，顶面应铺设土工膜，水平导水管网应布置在碎石排水层中。

6.2.5　排水盲沟施工应符合下列规定：

1　按设计要求开挖盲沟，并应保证沟壁稳定。

2　土工织物滤层应紧贴地层，其搭接处宽度不应小于 200 mm，在盲沟两侧坡顶延伸宽度不应小于 300 mm。

3　铺设碎石盲沟应连续均匀。

4　盲沟上应连续铺设土工织物作为土工膜下保护层，搭接宽度不应小于 200 mm，在盲沟两侧坡顶延伸宽度不应小于 300 mm。

5　盲沟上土工膜应连续铺设，采用热熔法搭接，搭接宽度不应小于 200 mm，在盲沟两侧坡顶延伸宽度不应小于 300 mm。

6　土工膜上应连续铺设土工织物作为上保护层，搭接宽度不应小于 200 mm，搭接完成后应反折固定。

7　排水系统铺设区域边缘、桩基与立柱桩等收边处，应采用土工膜上保护层向下将排水体翻包，翻包宽度不宜小于 200 mm。

6.2.6　泄压井施工应符合下列规定：

1　过滤装置埋置深度的允许偏差为 15 mm。

2　对于地下结构抗浮治理项目，可采用后置式泄压井，泄压井开孔直径的允许偏差为 50 mm；沟槽深度和宽度的允许偏差为 10 mm。

3 过滤装置下放前应刷洗干净，过滤孔孔径应均匀，下放过程中不得损坏过滤结构。

4 反滤层回填的滤料应符合第 4.2.2 条的规定。

5 钢护筒或泄压井外壁止水材料应满足耐久性要求，止水材料与基础或灌浆料相交处应构成密封系统。

6 后置式泄压井钢护筒拔出后，应在底板及井管之间采用灌浆料封闭。

7 泄压井封孔后应清理积水，并观察漏水情况，时间不宜小于 24 h。如存在漏水，应及时处理。

6.2.7 集水系统施工应符合下列规定：

1 水平导水管可设置为多孔导水结构，且开孔率不得少于 10%，开孔间距不宜大于 55 mm，开孔位置应均布于水平导水管表面。

2 水平集水管管间连接应严密。

3 水平集水管埋置应做好面层封闭处理，确保底板面不渗漏。

6.2.8 集水管出水口标高应符合设计要求且高出集水坑井底不小于 300 mm；设置高程尚应与建（构）筑物废水排放系统或专用排水系统安装要求相协调。

6.3 隔水系统施工

6.3.1 隔水系统的止水帷幕施工质量应满足现行上海市工程建设规范《基坑工程技术标准》DG/TJ 08—61 的要求，肥槽封堵前应检验止水帷幕的质量，如发现渗漏点应进行封堵。

6.3.2 对于分布多层含水层的场地，勘探孔、监测孔、降水井等应以黏土球、水泥土或注浆等进行封堵。

6.3.3 基坑肥槽回填前应清除坑内杂物及被浸泡的土体，宜用黏土分层压实回填，分层虚铺厚度不宜大于 500 mm，地表以下 3 m 回填范围内的压实系数不应小于 0.92。

6.3.4 回填施工应做好对排水系统、监测系统和竖向止水帷幕的保护，加强竖向止水帷幕的侧向位移监测。

6.3.5 基坑肥槽黏土回填后，顶部宜采用土工膜、土工防水毯等封盖，土工膜或土工防水毯与地下结构外墙和止水帷幕搭接处应上翻不小于 500 mm，每隔 2 m～3 m 应使用П形钢钉固定；土工膜上方应采用黏土覆盖。

6.4 安装与调试

6.4.1 排水系统安装应符合下列规定：

1 排水系统应根据设计图纸位置放样，集水坑应在基础底板施工时同步浇筑。

2 待基础底板浇筑完成后，应根据设计图纸安装排水装置，各部分应固定，设置高程应与建筑物废水排放系统相适应。

3 集水网安装时，应根据设计图纸安装直立排水管，直立排水管应高出基础底板 0.3 m～0.5 m，或根据设计图纸要求安装，安装后应做好标示及保护。

4 水泵宜选用低噪声水泵机组，进出口应设置隔振橡胶接头，吸水管上应设置隔振装置。

5 水泵应采用专用减振器，由专业厂家根据所采购产品参数计算确定减振器规格，并经设计院复核认可。

6 备用排水系统构造和安装应与主排水系统相同，可与主排水系统安装于同一集水坑，或另行设置独立集水坑。

6.4.2 排水系统安装完成后，应按下列要求进行管道功能性试验：

1 管道安装完毕后应进行冲洗；冲洗完成后，压力管道应进行水压试验，无压力管道应进行闭水试验。

2 水压试验系统试验压力不小于工作压力的 1.5 倍；水压试验的测试点应设在系统管网最低点；对管网注水时，应将管网内的空气排净，然后缓慢升压，达到试验压力后，稳压 30 min 后，管网无泄漏，无变形，且压力降低值不大于 0.01 MPa 为合格。

3 闭水试验应在管道灌满水后维持时间不少于 24 h；试验水头应以设计水头加 2 m 计，达到试验压力后稳压 30 min，应进行外观检查，不得有漏水现象。

4 排水主立管及水平集水管干管均应做通球试验，通球直径不小于排水管道管径的 2/3，通球率应达到 100%。

6.4.3 排水系统调试应符合下列规定：

1 应检查排水系统全部水泵、阀门，将控制阀门全部打开。

2 向排水系统供水，压力应符合设计要求。

3 检查各管段及排水点，对渗漏和排水不畅处及时进行处理，再次进行通水检查。

4 当达到设计额定排水量时，检查各管段及各排水点，应畅通无渗漏。

7 监 控

7.1 一般规定

7.1.1 隔排水主动抗浮工程应采用自动化监控系统，设计文件中应包含自动化监控主要内容，宜进行施工期和使用期全过程监控。

7.1.2 监控系统应具备保护措施和可维护性，并配置备用电源。

7.1.3 监控系统软件应与硬件相匹配，且具备兼容性、可扩展性和易用性。

7.1.4 监控系统的安装不应损害地下结构，且不应妨碍地下结构的施工和正常使用。

7.1.5 监控系统应包含传感器、数据采集与传输模块、数据存储与管理模块、数据分析与安全预警模块、设备控制模块，各模块的具体组成见表7.1.5。

表7.1.5 主动抗浮监控系统组成部件

名称	组成部件
传感器	传感器硬件、连接管线及配套供电设备
数据采集与传输模块	数据采集硬件、网络传输硬件、供电设备及配套软件
数据存储与管理模块	数据存储硬件、远程管理软件平台
数据分析与安全预警模块	具备数据分析和预警功能的软件平台
设备控制模块	包含控制电路与控制软件

7.2 监测内容及传感器

7.2.1 隔排水主动抗浮工程监测内容应根据设计文件确定，传感器应根据监测指标按表 7.2.1 选用，应优先选用数字信号传感器。

表 7.2.1 推荐传感器选型

监测内容	监测指标	传感器名称
地下水水头高度★	水头压力	电测水位计、孔隙水压计
基础变形☆	沉降	静力水准仪、压差式沉降仪
	倾斜	倾角仪
降水能力★	降水流量	流量计
裂缝☆	裂缝宽度变化	裂缝计
防水板竖向变形☆	沉降	静力水准仪、压差式沉降仪

注：★为必测项，☆为选测项

7.2.2 传感器应满足指标参数的技术需求，包括测量精度、量程、供电方式、输出方式、频率和防护等级等。

7.2.3 传感器工作状态点宜在满量程的 20%～80%内，且最大工作状态点不应超过满量程；应根据监测要求选择采样频率。传感器的性能参数可按表 7.2.3 选用。

表 7.2.3 传感器性能参数

常用传感器	主要技术指标	
	量程	精度
电测水位计	≤40 m	≤0.5%FS
孔隙水压计	≤0.4 Pa	≤0.5%FS
压差式沉降仪	≥1 500 mm	≤±1 mm
静力水准仪	≥50 mm	≤0.1 mm

续表7.2.3

常用传感器	主要技术指标	
	量程	精度
倾角仪	≥±10°	≤±0.05°
裂缝计	≥30 mm	≤±0.04 mm
流量计	不小于排水设备额定流量的1.2倍	0.5%FS

7.3 布 设

7.3.1 传感器布设应遵循下列基本原则：

1 根据地下结构特点在排水最不利处应布置传感器。

2 应便于传感器的安装、维护和更换。

3 应减少对数据传输信号的干扰和衰减。

7.3.2 地下水水头高度监测传感器宜均匀布置，排水量监测传感器宜布设在出水口，水位传感器应布设在集水坑。

7.3.3 传输设备及采集方式应根据地下结构的结构形式、传感器类型、数量及布置方式等进行选择。当传感器相距较远且较分散时，宜选用分布式数据采集方式；当传感器相距较近且分布较集中时，宜选用集中式数据采集方式。

7.3.4 设备控制模块宜与水泵就近布设，应配置备用电源。

7.4 监控与预警

7.4.1 监控系统应具备数据管理功能，实现数据导入、导出、报表生成及展示。

7.4.2 监控系统应建立权限管理机制。

7.4.3 监控系统应具备日志管理机制。

7.4.4 监控系统的监测频率应满足下列要求：

1　系统最大监测频率不小于1次/min。

2　地下水水头稳定时，监测频率不宜小于1次/h。

3　如出现地下水水头波动较大情况，应加密监测频率，并及时查找、分析原因，采取有效措施，消除隐患。

4　当出现停电、排水设备损坏、结构变形等情况时，应加密监测频率，预测可能出现的工程问题，及时采取有效措施。

5　降雨期间，应加密监测频率直至水位稳定。

7.4.5　设备控制模块应根据采集的水头压力、流量等监测数据实时调整排水设备的工作状态，设备控制模块应满足下列要求：

1　设备控制模块宜通过控制排水设备的电机转速以及阀门的开闭实时控制排水设备的工作状态。

2　设备控制模块宜采用变频方式进行控制，宜采用闭环控制的方法。

3　设备控制模块应与排水设备稳定连接，应保证稳定的供电。

4　设备控制模块的控制频率不宜小于1 Hz。

5　控制模块及设备出现故障时应具备报警功能。

7.4.6　监控系统应建立相应监测数据分级预警管理制度。当预警机制无明确规定时，可参照表7.4.6执行。

表7.4.6　监测数据预报警机制管理

预警等级	预警值	控制措施
三级	60％设计值＜监测数据≤80％设计值	持续正常观测，上报预警信息
二级	80％设计值＜监测数据≤100％设计值	提高监测频率，上报预警信息
一级	监测数据＞100％设计值	进一步提高监测频率，启动应急预案，召开专题会

7.4.7　监控系统应保存完整的日志资料，该资料应包含数据日志、报警日志和设备故障日志等。

8 检验与验收

8.1 一般规定

8.1.1 地下结构隔排水主动抗浮工程验收应在施工单位自检合格后进行。

8.1.2 隐蔽工程应进行施工过程验收。

8.1.3 隔排水材料的质量检验应符合设计要求、现行产品标准和测试标准的规定。

8.1.4 抽水泵、传感器、管材、管件、阀门及其他设备材料应符合国家现行相关产品标准的规定,并应具有出厂合格证书或质量认证书。

8.1.5 集水坑及局部开孔补强部位应按照基础工程施工质量验收标准验收。

8.1.6 隔排水主动抗浮工程验收除满足本章的规定和要求外,尚应遵守现行国家标准《建筑工程施工质量验收统一标准》GB 50300、《建筑地基基础工程施工质量验收规范》GB 50202 及本市工程建设施工质量验收的相关规定。

8.1.7 采用泄压井对既有地下结构抗浮治理后,泄压井应按现行国家标准《建筑地基基础工程施工质量验收规范》GB 50202 验收,原结构应按现行国家标准《既有建筑鉴定与加固通用规范》GB 55021 的要求进行检验。

8.2 检　验

8.2.1 材料和设备进场应提供出厂合格证明文件。

8.2.2 材料应按表 8.2.2 所列的性能指标进行第三方检测，测试样品应由测试单位现场随机采取。检测项目、频率和检测方法应符合下列规定：

1 土工织物表观孔径和土工织物与被保护土梯度比的检测应分别按本标准附录 A 和附录 B 规定的方法进行；表 8.2.2 中所列其他土工合成材料性能指标的检测应符合现行行业标准《土工合成材料测试规程》SL 235 的规定；碎石指标的检测可按现行国家标准《建筑用卵石、碎石》GB/T 14685 的规定执行。

2 各类材料按进场批次，每类材料每批次随机抽取 1 组试样进行检测。

3 每类材料的性能应符合设计和本标准的要求。

表 8.2.2 材料的性能检验指标

<table>
<tr><td colspan="2" rowspan="2">材料类型</td><td colspan="2">检验指标</td></tr>
<tr><td>主控项目</td><td>一般项目</td></tr>
<tr><td rowspan="5">土工合成材料</td><td>土工织物(保护)</td><td>单位面积质量
刺破强度</td><td>厚度</td></tr>
<tr><td>土工织物(反滤)</td><td>表观孔径
梯度比</td><td>单位面积质量
渗透系数</td></tr>
<tr><td>土工膜</td><td>厚度</td><td>刺破强度
抗拉强度
极限延伸率</td></tr>
<tr><td>土工网</td><td>单宽通水量</td><td>压屈强度
压屈应变</td></tr>
<tr><td>土工防水毯</td><td>单位面积质量
渗透系数</td><td>均匀性</td></tr>
<tr><td colspan="2" rowspan="3">砂石料</td><td>级配</td><td>压碎值</td></tr>
<tr><td>粒径</td><td>有机质含量</td></tr>
<tr><td>含泥量</td><td>层厚</td></tr>
</table>

8.2.3 土工合成材料以 100 m^2 为 1 批；砂石料按施工分区检验，数量宜每 1 000 m^2 为 1 组，每组 3 点。每批次进场材料应至

少抽取1组,土工合成材料和砂石料检验每单位工程不应少于3组。土工合成材料检验标准应符合表4.2.1、表4.2.3和表4.2.4的要求,砂石料的检测应符合表8.2.3的要求。

表8.2.3 砂石料质量检验标准

项	序	检查项目	允许值或允许偏差		检查方法
			单位	数值	
主控项目	1	粒径	mm	≤50	筛析法
	2	级配	%	≥50	筛析法(粒径25 mm~40 mm含量)
	3	含泥量	%	≤5	水洗法
一般项目	1	压碎值	%	<30	压碎值测定仪
	2	有机质含量	%	≤5	灼烧减量法
	3	层厚	mm	+50,0	水准测量

8.2.4 施工质量检验应包括下列项目:

1 基坑开挖过程中止水帷幕的抗渗有效性。

2 肥槽封堵设置的位置、与止水帷幕和地下结构外墙连接的密封性。

3 排水体施作位置、深度、尺寸等。

4 集水坑及与排水体的连接。

8.2.5 监测传感器应在使用前进行标定;安装完成后应检验传感器的数量、布置位置及有效性。

8.3 验 收

8.3.1 隔排水主动抗浮工程应分别按主控项目和一般项目进行验收,并符合验收标准的规定。

8.3.2 地下结构主动抗浮工程验收应提供下列技术文件:

1 工程勘察报告,含补充或专项勘察报告。

2 经审查合格的隔排水主动抗浮施工图设计文件。

3 所用材料和设备的出厂合格证明文件。

4 材料性能测试报告与设备调试记录。

5 隔排水设施施工记录及施工质量检测证明文件。

6 专项施工方案。

7 监理方案、监督记录、隐蔽工程检验记录及评价报告。

8 监测方案(如有)、监测记录及总结报告。

9 运 维

9.1 一般规定

9.1.1 隔排水主动抗浮工程竣工后，应在地表标记止水帷幕位置，并向业主或使用单位进行专项交底。

9.1.2 隔排水主动抗浮工程运行过程中应定期现场巡视，巡视内容应包括下列项目：

1 地下室底板、墙、柱、梁、顶板裂缝开展情况。

2 周边基础工程施工、地面沉降和被保护对象变形情况。

3 排水系统、监控系统设备运行情况。

4 地下结构使用条件变化情况。

9.1.3 系统运行正式开始前应测定各项初始值。

9.1.4 减压排水系统用电负荷不应低于二级，应配备两路电源或自备发电设备。当采用自备发电设备作为备用电源时，自备发电设备应同时设置自动和手动启动装置，自动启动装置应能保证30 s内供电。

9.1.5 主动抗浮工程维护应符合下列规定：

1 应对排水管道、阀门进行定期维护，设施一经损坏必须及时修复。

2 每年测量集水坑深度应不少于1次，并对集水坑进行清理。

3 泄压井应每2年进行井内注水不少于1次。当注入水位高于设计控制水位2 m、复原时间超过15 min时，应对过滤装置进行反冲洗；当不能满足地下室水位控制要求时，应更换过滤装置。

4　运行系统中各项材料、设备、元器件应建立档案，当发生维修、更换时应记入档案。

9.1.6　当周边工程施工活动可能影响止水帷幕时，应加强巡视和监测，如有损坏应及时采取补救封堵措施。当隔排水主动抗浮系统运行造成周边环境变形超过限值时，应及时调整运行方案或采取针对性防护措施。

9.2　隔排水故障及应急处置

9.2.1　当接到监控系统报警时，应及时查看异常监测数据，分析报警(故障)原因。

9.2.2　当发现肥槽封盖渗漏时，应进行现场摸查，检查土工膜完好度、土工膜与止水帷幕和地下结构外墙的搭接情况，发现问题应及时更换。

9.2.3　当发现排水体堵塞时，可采用反冲洗或设置泄压井等措施进行处理。

9.2.4　当监控系统硬件故障时，应及时更换元器件；当软件故障时，应及时升级、更新软件系统。

9.2.5　如遭遇极端天气或局部隔排水设施故障造成水位持续上升超过抗浮控制水位时，应立即采取应急措施，如底板临时开设泄压井、底板加载反压、肥槽内降水等。

附录A　土工织物表观孔径测试(干筛法)

A.0.1　本附录规定了采用干筛法测定土工织物的表观孔径的方法，主要用于土工织物反滤设计。

A.0.2　测试所需工具应包括振筛机、试验筛、振筛粒料、天平及其他辅助工具，并应满足下列要求：

1　振筛机：符合现行行业标准《振筛机校验规程》SL 411 的规定。

2　试验筛：直径 200 mm。

3　振筛粒料：可用洁净、干燥的玻璃珠或球形硅砂。粒料应事先划分为：(0.050～0.063)mm、(0.063～0.075)mm、(0.075～0.090)mm、(0.090～0.106)mm、(0.106～0.125)mm、(0.125～0.150)mm、(0.150～0.180)mm、(0.180～0.250)mm 等粒组。

A.0.3　制备土工织物试样时，应先从一卷待测试的土工织物尾端截掉 1.0 m 后，取 1.0 m～2.0 m 段作为试验样品；然后沿试验样品的对角线均匀截取圆形试样不少于 5 个，试样直径略大于试验筛内径。

A.0.4　土工织物试样应按现行国家标准《塑料试样状态调节和试验的标准环境》GB/T 2918 的规定，置于温度为 20℃±2℃、相对湿度为 60%±10%的环境中进行状态调节，时间不少于 24 h。

A.0.5　试验前，应用湿布擦拭土工织物试样，去除静电，晾干后备用。

A.0.6　试验应按下列步骤进行：

1　试验宜在 A.0.4 试样调适的温度和湿度环境下进行。

2　根据被测土工织物的工艺、厚度、克重等和已有经验，选定 5 个～6 个不同粒径的玻璃珠或硅砂粒组备用；其中至少 1 组颗粒的筛余率(质量比)应超过 95%。

3 取 1 个试样放入试验筛底部作为筛布,铺放应平整,无褶皱,边沿与筛壁贴合,无缝隙。

4 取最小粒组的颗粒 50 g,倒入试验筛中间部位,盖好筛盖。

5 将试验筛装到振筛机上,开机振筛 10 min。

6 停机后,称量接收盘中通过土工织物试样的颗粒质量,并做好试验记录。

7 将留在土工织物试样(筛布)上的颗粒全部取出,倒入粒径大一级的粒组,重复上述步骤 5～6。

8 重复操作步骤,直至完成所有粒组的振筛测试。

9 更换土工织物试样(筛布),按照上述步骤 3～8,完成其余土工织物试样的振筛测试。

10 按照表 A. 0. 6 做好表观孔径测试记录。

A. 0. 7 试验结果的整理与计算应符合下列要求:

1 对于任一土工织物试样(筛布),某一粒组的筛余率按式(A. 0. 7)计算。

$$S_i = 1 - M_i / M_0 \tag{A. 0. 7}$$

式中:S_i——第 i 粒组的筛余率;

M_i——第 i 粒组振筛后接收盘中的颗粒质量(g);

M_0——振筛前投放的颗粒质量,即 50(g)。

2 计算筛余率 S_i 的平均值、均方差和变异系数。

3 每一粒组颗粒的代表粒径应以该粒组颗粒直径的上下限和筛余率按线性内插得到。

4 以各粒组的平均筛余率和代表粒径在半对数坐标系绘制土工织物的孔径分布曲线(见图 A. 0. 7)。

5 将孔径分布曲线上与 95%筛余率相对应的粒径值作为土工织物的表观孔径 O_{95}。

表 A.0.6　土工织物表观孔径测试(干筛法)记录表

样品编号		试验日期			试验环境	温度：		湿度：
织物名称与规格								
粒料类型				投放量(g)				
粒组粒径(mm)	过筛量(g)					平均过筛量(g)	代表粒径(mm)	筛余率(%)
	1	2	3	4	5			

试验：　　　　　　　　校核：

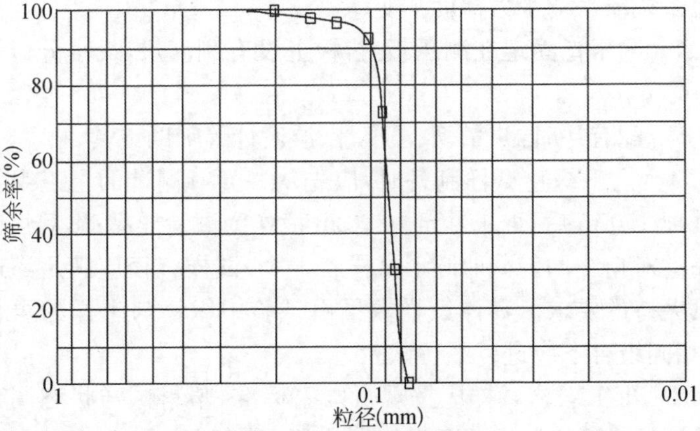

图 A.0.7　孔径分布曲线

附录B　土工织物淤堵试验（梯度比试验）

B.0.1　本附录规定了采用梯度比试验测定在一定水流条件下土-土工织物系统梯度比的方法。试验结果适用于分析判断土工织物反滤特定土体的物理淤堵程度，在本标准中主要用于碎石盲沟土工织物反滤层设计。

B.0.2　梯度比试验装置和工具应满足下列要求：

1　渗透腔应采用内径100 mm的透明圆筒，分上、下两截，由夹持土工织物的圆形夹具连接，夹具应确保密封、不透水。上截高度150 mm～200 mm，下截高度50 mm～100 mm。宜在下截圆筒内放置洁净砾石作为土工织物的支撑，或设置透水板支撑土工织物。

2　渗透腔圆筒壁上按规定位置设置6个测压管，其直径不应小于3 mm，接头处设置反滤层。渗透腔上设有进水口、排水口和排气口，如图B.0.2所示。

3　进水装置和排水装置均应设溢流口，保证常水头和整个渗流系统的平均水力梯度不变。

4　测压管固定在测压板上，板上设有刻度尺，最小分位值为1 mm。

5　配有计时器、量筒、温度计、湿度计等辅助工具。

B.0.3　土工织物试样制备时，应先从一卷待测试的土工织物尾端截掉1.0 m后，取1.0 m～2.0 m段作为试验样品；然后沿试验样品的对角线均匀截取圆形试样若干个，试样直径应满足渗透腔夹具夹持的要求。具体试样数量由试验中织物与土样的组合而定，相同组合下应进行平行试验。

B.0.4　土工织物试样应按现行国家标准《塑料试样状态调节和试验的标准环境》GB/T 2918的规定，置于温度为20℃±2℃、相

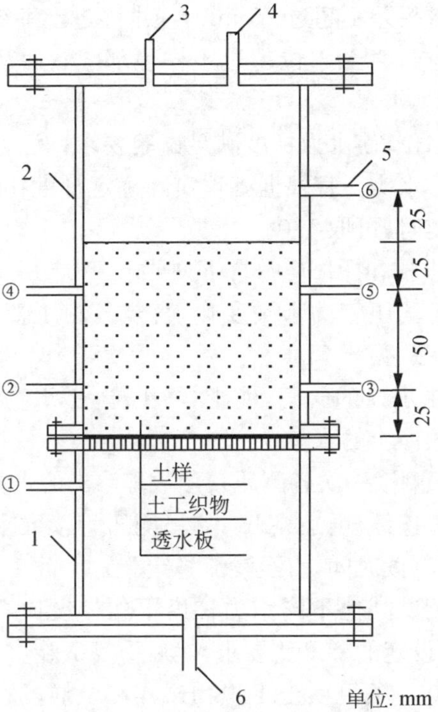

1—下筒;2—上筒;3—排气孔;4—进水口;5—测压管;6—排水口

图 B.0.2 梯度比装置结构示意图

对湿度为 60%±10%的环境中进行状态调节,时间不少于 24 h。

B.0.5 结合实际工程进行梯度比试验时,应取现场原状土作为被保护土;试验用水应为无气水。

B.0.6 安装试样和试验准备应符合下列规定:

1 将土工织物试样铺放进夹持装置内,松紧适度,无褶皱;然后拧紧夹具,密封好。

2 切削土样,高度 100 mm,直径略小于渗透腔内径,适当加压使之与内壁贴合,不得渗水。

3 对土工织物和土样进行饱和处理。从梯度比装置的排水口进水，控制水头差不超过25 mm，使水穿过土工织物、从土样底部缓慢流入土样，直至水位超过土样顶部。然后从进水口注水，使渗透腔内充满水。

4 调节水位，使水力梯度满足试验要求，然后固定进水容器内水位，保持常水头。宜根据工程实际确定梯度比试验的水力梯度，当不能确定时，可取1.0。

B.0.7 试验步骤和操作应符合下列要求：

1 观察各测压管的水头变化，直至各测压管的读数稳定且相等为止。

2 打开排水口的阀门，使土样、土-土工织物系统的渗流发生，用量筒接收渗出的水量。

3 每1 h测读一次各测压管读数和渗出的水量，同时记录渗流时间和水温，连续测读24 h。如果测压管读数未能达到稳定，应延长试验和测读时间，直至渗流稳定。

4 如需测试其他不同水力梯度下的梯度比，可重新调整水位(差)以满足设定的梯度比要求，然后重复试验步骤1～3。

5 按B.0.6条更换土工织物试样和土样，然后重复试验步骤1～4。

6 按照表B.0.7做好梯度比试验记录。

B.0.8 试验结果整理与计算应符合下列规定：

1 在相同试验条件下，测压管2#、4#之间的水头差与3#、5#之间的应相近。当二者相差超过10%时，宜作为异常处理。

2 土样中的水力梯度按式(B.0.8-1)计算：

$$i_{2-4}=\frac{H_{2-4}+H_{3-5}}{2L_{2-4}} \qquad \text{(B.0.8-1)}$$

式中：H_{2-4}，H_{3-5}——分别为测压管2#、4#之间的水头差和3#、5#之间的水头差；

L_{2-4}——测压管2#、4#之间的距离，一般为50 mm。

3 土-土工织物系统的水力梯度一般按式(B. 0. 8-2)计算。如果考虑土工织物的厚度,则可按式(B. 0. 8-3)计算。

$$i_{1-2}=H_{1-2}/L_{1-2} \tag{B. 0. 8-2}$$

式中:H_{1-2}——测压管 1#、2# 之间的水头差;

L_{1-2}——测压管 2# 至土工织物的垂直距离,即为测压管 2# 以下土柱的高度,一般为 25 mm。

$$i_{1-2}=H_{1-2}/(L_{1-2}+\delta) \tag{B. 0. 8-3}$$

式中:δ——土工织物的厚度;其余同上。

4 梯度比按式(B. 0. 8-4)计算:

$$GR=i_{1-2}/i_{2-4} \tag{B. 0. 8-4}$$

表 B. 0. 7 土工织物淤堵试验(梯度比)记录表

样品编号		日期		试验环境	温度:	湿度:			
织物名称及规格									
被保护土情况									
序号	时间	测压管水位(cm)					水力梯度		梯度比
		1#	2#	3#	4#	5#	i_{1-2}	i_{2-4}	GR
1									
2									
3									
4									
5									
6									
7									
8									
9									
10									
11									
…									

试验: 校核:

附录C 单井抽水试验技术要点

C.1 一般规定

C.1.1 抽水试验应在查明场地及周边区域的水文地质条件、收集已有资料和现场踏勘的基础上制定实施方案，并应在洗井满足要求后进行。

C.1.2 抽水试验可根据不同需要，进行分层或混合抽水、完整井或非完整井抽水、稳定流与非稳定流抽水，隔排水主动抗浮工程宜在潜水含水层进行稳定流抽水。

C.1.3 抽水试验中应做好地面排水，并应将抽出的水排至试验井影响范围以外。

C.1.4 抽水试验前和抽水试验时，应同步测量抽水井和观测井的稳定水位和动水位。抽水试验停止后，应测量抽水井和观测井的恢复水位。抽水试验结束后，应检查井内沉淀情况。

C.1.5 抽水设备选用，应根据井的出水量、地下水位、含水层的埋深、井内动水位、井孔直径、要求降低地下水位的深度和动力条件等因素综合确定。

C.2 布 置

C.2.1 抽水试验井应符合现行国家标准《供水水文地质勘察规范》GB 50027的有关规定，并应符合下列规定：

1 试验井深度应覆盖对工程有影响的含水层。

2 含水层厚度小于或等于10 m时，宜采用完整井结构。

3 井管直径在土层中不应小于200 mm。

4　过滤装置孔隙率不宜小于15%。

5　沉淀管长度宜为1 m～2 m。

6　水泵置入设计降水深度以下不宜少于2 m。

7　滤料的规格宜采用标准级配砂，粗砂以上含水层滤料厚度不应小于75 mm，中砂、细砂和粉砂含水层滤料厚度不应小于100 mm。

8　井壁止水宜采用黏土球围填止水，也可采用预埋注浆管灌浆止水。

C.2.2　抽水试验观测井的布置应符合下列规定：

1　以抽水井为原点，宜布置1条或2条观测线；1条观测线时，宜垂直地下水流向布置；2条观测线时，其中一条宜沿平行地下水流向布置。

2　均质无限大含水层，可在垂直与平行地下水流向布置观测井；非均质无限大含水层，除在垂直与平行地下水流向布井外，在45°方向上可增设观测井或在含水层颗粒级配变化较大的方向上布置。

3　有界含水层应垂直、平行边界布置观测井，可在边界附近增设观测井。

C.2.3　抽水试验观测井的数量应符合下列规定：

1　用 s-lg$t$ 或 lg$s$-lg$t$ 曲线计算时，宜布置1个或2个位于抽水含水层中的观测井。

2　用 s-lg$r$ 曲线计算时，应有3口或3口以上位于抽水含水层中的观测井。

C.2.4　抽水试验观测井的距离应符合下列规定：

1　离抽水井最近的观测井与抽水井距离不宜小于含水层的厚度，各观测井内应有一定的水位下降值。稳定抽水试验时观测井的距离(r)宜控制在1.5倍承压含水层厚度到0.187倍影响半径之间。

2　最远观测井水位下降不宜小于10倍的观测误差，相邻两个观测井的水位差不宜小于0.1 m。

3 多口观测井的距离由近到远应由密到疏。

4 与所抽含水层相邻的越补含水层和弱透水层中的观测井距离抽水井应小于1倍所抽含水层厚度。

5 对于工程影响范围内的多层含水层，需分层研究时，应进行分层抽水试验，并查明相互之间的补给关系。

C.3 成 井

C.3.1 抽水井和观测井的成井应符合现行行业标准《供水水文地质钻探与管井施工操作规程》CJJ/T 13的有关规定。

C.3.2 抽水试验观测井过滤装置的位置应符合下列规定：

1 各观测井的过滤装置长度宜相等。

2 过滤装置宜安置在同一含水层和同一深度。

3 所抽含水层中观测井过滤装置的位置宜与抽水井一致。

4 为测定含水层各向异性的非完整井抽水试验，抽水井距离小于1.0倍～1.5倍含水层厚度范围内的观测井过滤装置位置，应置于抽水井过滤装置顶部以上或底部以下。

C.3.3 试验完成后，应采用全孔或分段灌注水泥浆或封填黏土球的方式进行封井。

C.4 测试要求

C.4.1 抽水试验宜包括抽水试验目的分析、选择合适的抽水试验仪器设备、现场抽水试验、抽水试验资料整理等步骤。

C.4.2 单井稳定流抽水试验应符合下列规定：

1 抽水试验时，水位下降的次数应根据试验目的确认，宜进行3次降深试验，其中最大下降值可接近井内的设计动水位，其余2次下降值宜分别为最大下降值的1/3和2/3，每次下降值之差不宜小于 1 m，各次降深试验的水泵吸水管口的安装深度应相同。

2 抽水试验的稳定标准，应以在抽水稳定延续时间内，抽水井出水量和动水位在连续 2 h 内的波动值小于 5%、最远观测井内的水位在连续 2 h 内的波动值不大于 10 mm/h，且无持续上升或下降趋势为准则。

3 抽水试验的稳定延续时间宜符合表 C.4.2 的规定。

表 C.4.2 抽水试验的稳定延续时间

含水层岩性	稳定延续时间(h)
粗砂含水层	≥8
中砂、细砂和粉砂含水层	≥16
粉性土含水层	≥24

注：根据含水层的类型，补给条件、水质变化和试验的目的等因素，稳定延续时间可适当调整。

4 抽水试验时应观测抽水井及观测井水位、抽水井出水量。动水位和出水量观测的时间，宜在抽水开始后的第 5、10、15、20、25、30 min 各测 1 次，以后每隔 30 min 或 60 min 测 1 次，直至试验结束。水温、气温观测的时间，宜每隔 2 h～4 h 同步测量 1 次。

C.5 成果资料及应用

C.5.1 抽水试验成果宜包括流量、水位、孔隙水压力、沉降等。

C.5.2 抽水试验应编制相应的 Q-t 曲线、s-lg$t$ 曲线、q-s 曲线，并应通过解析法或数值法计算水平/垂直渗透系数、给水度和释水系数、影响半径、降水入渗系数等参数。

C.5.3 稳定流完整井抽水试验的渗透系数计算宜符合下列规定：

1 完整井单井抽水试验的渗透系数计算宜符合表 C.5.3-1 的规定。

表 C.5.3-1　稳定流完整井单井抽水试验渗透性参数计算

示意图	计算公式	适用条件
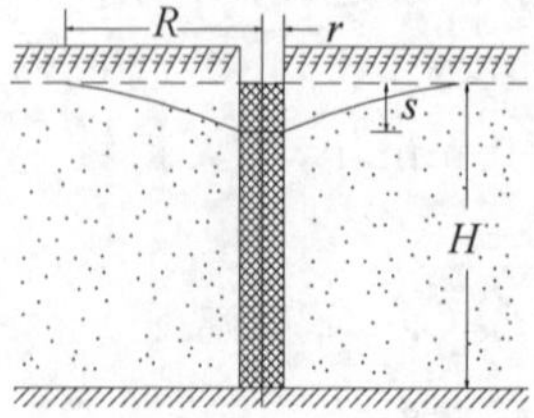	$k=\frac{0.732Q}{(2H-s)s}\lg\frac{R}{r}$	1. 潜水； 2. 远离河流

2　完整井多井抽水试验的渗透系数计算宜符合表 C.5.3-2 的规定。

表 C.5.3-2　稳定流完整井多井抽水试验渗透系数计算

示意图	计算公式	适用条件
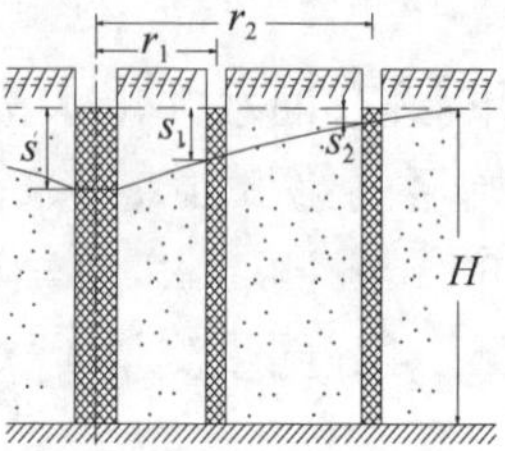	$k=\frac{0.732Q}{(2H-s_1-s_2)(s_1-s_2)}\lg\frac{r_2}{r_1}$	潜水

C.5.4　抽水试验期间孔隙水压力现场量测后，应对原始资料进行核查、分析，并应根据率定曲线换算孔隙水压力值，绘制孔隙水压力的动态变化曲线。当同层或相邻含水层同步观测地下水位时，应同时绘制地下水位动态变化曲线。

本标准用词说明

1 为便于在执行本标准条文时区别对待，对于要求严格程度不同的用词，说明如下：

1）表示很严格，非这样做不可的用词：

正面词采用“必须”；

反面词采用“严禁”。

2）表示严格，正常情况下均应这样做的用词：

正面词采用“应”；

反面词采用“不应”。

3）表示允许有选择，在条件许可时首先应这样做的用词：

正面词采用“宜”；

反面词采用“不宜”。

4）表示有选择，在一定条件下可以这样做的用词，采用“可”。

2 条文中指定应按其他有关标准、规范执行时，写法为“应符合……的规定”。

引用标准名录

1 《建筑用卵石、碎石》GB/T 14685
2 《土工合成材料　短纤针刺非织造土工布》GB/T 17638
3 《土工合成材料　长丝纺粘针刺非织造土工布》GB/T 17639
4 《土工合成材料　非织造布复合土工膜》GB/T 17642
5 《土工合成材料　聚乙烯土工膜》GB/T 17643
6 《建筑地基基础设计规范》GB 50007
7 《岩土工程勘察规范》GB 50021
8 《供水水文地质勘察规范》GB 50027
9 《建筑地基基础工程施工质量验收标准》GB 50202
10 《工业金属管道工程施工规范》GB 50235
11 《建筑给水排水及采暖工程施工质量验收规范》GB 50242
12 《给水排水管道工程施工及验收规范》GB 50268
13 《土工合成材料应用技术规范》GB 50290
14 《建筑工程施工质量验收统一标准》GB 50300
15 《既有建筑鉴定与加固通用规范》GB 55021
16 《垃圾填埋场用土工排水网》CJ/T 452
17 《建筑工程抗浮技术标准》JGJ 476
18 《钠基膨润土防水毯》JG/T 193
19 《土工合成材料测试规程》SL 235
20 《地基基础设计标准》DGJ 08—11
21 《岩土工程勘察规范》DGJ 08—37
22 《基坑工程技术标准》DG/TJ 08—61

上海市工程建设规范

地下结构隔排水主动抗浮技术标准

DG/TJ 08—2411—2023
J 16774—2023

条 文 说 明

2023　上海

目　次

Contents

1 总 则

1.0.1 地下结构隔排水主动抗浮技术是通过主动采取隔水和排水措施控制地下水位和地下结构承受的浮力(见图 1),以达成地下结构的抗浮目标。通过与基坑围护、降水、开挖、回填等的设计和施工相结合,主动抗浮技术能够节约工期和投资,符合环保和可持续发展理念。但是,目前在工程实践中,主动抗浮技术还缺乏具体的技术标准,不利于本项技术的推广应用。因此,通过制定本标准,以规范工程实践,推动技术进步,以实现安全、经济与先进的统一。

1.0.2 地下结构隔排水主动抗浮技术主要适用于新建地下结构,但主动抗浮技术,特别是排水减压措施,其原理和设计方法同样适用于既有地下结构的抗浮除险工程。在工程实践中,主动抗浮技术已在地下结构抗浮除险加固工程中得到成功和广泛的应用。

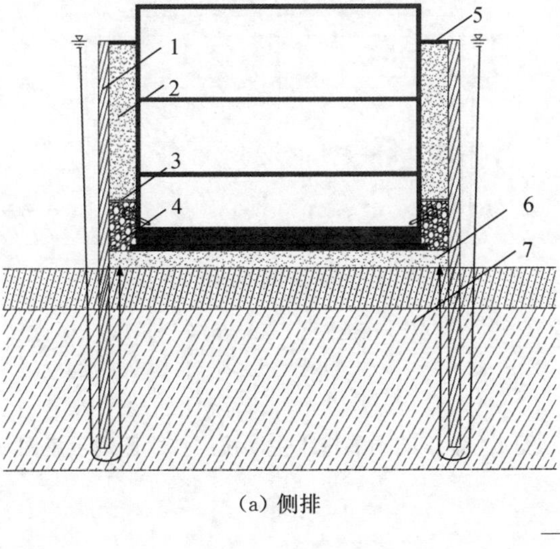

(a) 侧排

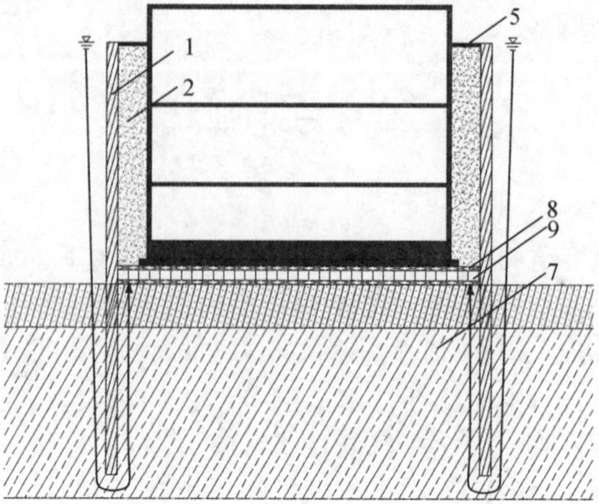

（b）底排（排水层满铺）

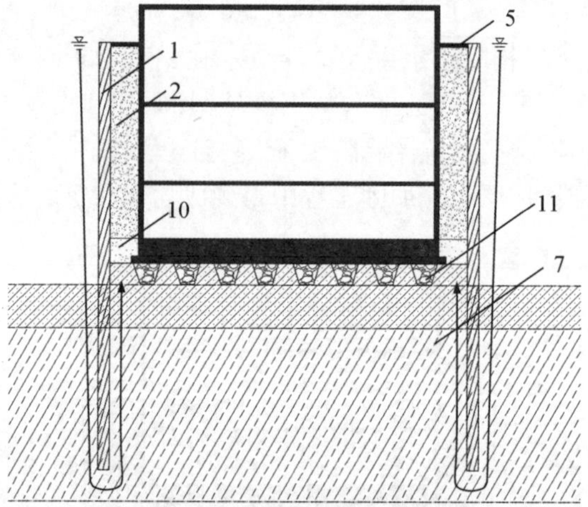

（c）底排（排水盲沟）

1—止水帷幕；2—隔水回填；3—透水土工无纺布；4—砾石；5—膨润土防水毯隔水；
6—滤水层；7—弱透水性土层；8—土工织物（反滤）；
9—排水管网；10—传力板带；11—排水盲沟

图 1　地下结构隔排水主动抗浮技术原理示意图

2 术语和符号

2.1 术 语

2.1.1 相对于“被动”抗浮技术而言，明确定义了“主动”抗浮技术。即通过隔水措施、排水措施或二者同时采用来控制或减小浮力，以达到地下结构抗浮目的的技术。

2.1.2～2.1.4 分别定义了主动抗浮措施的三个组成部分或子系统。其中，隔水系统是通过封闭肥槽、止水帷幕和地下隔水（相对隔水）层，为地下结构形成一个封闭或半封闭的隔水屏障，减少入渗量；当肥槽回填满足防渗要求时，肥槽顶部可不再用土工膜或土工防水毯封闭。排水系统是将入渗到地下结构底板下的水汇集、导排出去的工程措施和设备，包括汇集地下水的排水网、排水盲沟或泄压井，以及集水坑和抽水设备。监控系统是集监测、预警和启动排水于一身的平台，以保证主动抗浮措施能够安全运行。

2.1.5，2.1.6 定义了两个与主动抗浮技术密切相关的水位。其中，抗浮设防水位沿用了现行行业标准《建筑工程抗浮技术标准》JGJ 476 关于该术语的定义，即指施工期或运营期的最高水位，或者最不利工况下地下结构底板上可能承受的最大浮力按静态换算的水头高度；该水位是计算浮力和渗流量的依据。抗浮控制水位则不同，是在保证抗浮安全的前提下人为设定的一个水位，是通过隔水和（或）排水工程措施控制的最高水位。

2.1.7～2.1.9 排水层、排水带和泄压井分别属于层状、带状和点状三种不同类型的排水体。每一种类型的排水体可以有不同的材料、构造和特性。以排水层为例，既可以采用土工复合排水网，也可以采用上、下设置滤层的粗颗粒土层；同样，排水带可以采用非连续铺设的土工复合排水网，但常用的是土工织物包裹碎石构成的排水盲沟，并可在盲沟内设置土工管增大导水能力。

2.1.10 这里的"入渗流量"有广义和狭义之分。从本定义上看是广义的，泛指透过隔水系统进入地下结构底部和四周的水量；如果肥槽封闭且止水帷幕功能正常，则入渗流量仅指地下水渗流透过地下结构下部隔水或半隔水层的水量，后者就是狭义的"入渗流量"。由于无法量化透过止水帷幕等的水流，在进行入渗流量估算时，常指狭义的入渗流量。

2.1.11 排水量是表征排水系统排水能力的指标，即排水系统的汇集水、导流、排出水的最大能力。排水量的计算涉及水力梯度，因此需要根据抗浮设防水位进行计算。

2.1.12 "肥槽"虽为俗称，但其含义也非常明确。常指地下室或基础外墙与基坑壁之间的空间，这里特指地下结构外墙与止水帷幕之间的空间。

2.1.13 盲沟是带状排水体的一种，一般采用碎石等粗颗粒土施作，外裹土工织物滤层防止淤堵，发挥汇集和导排地下水的作用，又称为碎石盲沟或排水盲沟。

2.1.14 目前，主动抗浮技术采用的排水体外往往包裹无纺土工织物作为滤层，防止排水体严重淤堵，而土工织物的表观孔径是土工织物反滤设计的关键指标，需要明确其定义和确定方法；另外，在国内外土工织物反滤准则中，有用 O_{95} 的，也有采用 O_{90} 的，并不统一，为避免歧义，这里明确"表观孔径"为 O_{95}。

3 基本规定

3.0.2 完整的地下结构隔排水主动抗浮体系应包括隔水系统、排水系统和监控系统。如图 1 所示，隔水系统由肥槽封堵、止水帷幕与低渗透性地层构成，良好的隔水系统可将入渗流量控制在较低的水平；排水系统由排水体、导水/集水管、集水坑和抽水泵构成，用于及时排出入渗水量和控制水压；监控系统由水位和水压等传感器、采集与传输设备和显示控制平台等构成，用于实时掌控地下结构的抗浮稳定状态，并具有预警功能。

在工程实践中，本技术不仅用于新建地下结构的主动抗浮，也用于既有地下结构的除险治理。在既有地下结构抗浮抢险工程中，难以设置完整的隔水系统、排水系统或监控系统。即使在新建地下结构的主动抗浮工程中，也可能受场地条件、投资、施工组织等的影响和限制，难以设置完整的隔排水系统和监控系统。因此，隔水系统的设置应根据地层条件等决定，是否利用基坑围护结构的止水帷幕则取决于地下结构使用期间其止水性能的可靠性。

3.0.3 隔排水主动抗浮技术应用的前提条件是不能因排水而影响周边环境，包括周边构筑物、建筑物、道路、市政设施等的正常使用，其次有必要结合长期运维费用进行综合考虑。如果地下结构之下为强透水土层或者隔水层比较薄，则入渗流量大，会增加长期运维费用。在上海地区，一般情况下浅层土多为黏土和粉质黏土，透水性差，需要排水的量比较小。结合上海地区地层条件和排水抗浮经验来看，浅部地层一般为黏性土层，渗透系数小于 1×10^{-5} cm/s，只要满足单位入渗流量不大于 0.05 $m^3/(m^2 \cdot d)$的条件，采用排水减压主动抗浮的项目，均取得了很好的经济效益和社会效益，对环境的影响可以忽略不计。这里“单位入渗流量”即指 1 m^2 基底面积范围内入渗的流量(m^3/d)。

以上海市静安区某三层地下室项目为例，排水(降水)的降水漏斗影响半径计算式可以参考《工程地质手册(第五版)》中公式(9-5-23)估算，降水漏斗的影响范围仅为连续墙以外约 5.8 m。值得注意是，影响范围只是其中一个方面，如果在影响范围内附加沉降数值较小(如 20 mm)，也可不受影响范围的限制。这里“20 mm”参照了地铁保护区作业控制要求。

$$R = 2s_w\sqrt{kH} \tag{1}$$

式中：R——降水漏斗影响半径，持续渗流情况下对环境的影响范围(m)；

s_w——井点位降深值，即抗浮控制水位与自然潜水位的水头差，当小于 10 m 时取 10 m；

k——含水层渗透系数(m/d)；

H——含水层厚度(m)。

但在特殊工况下，地下结构位于承压含水层，或承压含水层与地下结构底板之间隔水层或相对隔水层厚度比较薄，或隔水层或相对隔水层的越流量比较大等，排水量较大，将会对地下结构周边产生影响。在此情形下，则不宜采用排水减压主动抗浮技术。

当既有建筑发生局部隆起时，采用泄压井进行处理是一种及时有效的措施，可按照无隔水系统进行设计。

3.0.4 为满足地下结构隔排水主动抗浮工程设计的参数要求，应进行必要的补充勘察或专项勘察，重点是获得渗流模拟分析所需的工程地质和水文地质参数。在进行排水设计的渗流计算时，相关地层的渗透系数是关键参数，建议采用现场抽(注)水试验确定。

有条件的情况下，可参考基坑降水(现场抽水注水)资料，综合确定地层渗透系数。

3.0.5 地下结构的围护结构既要满足基坑施工阶段的挡土与止水功能，也是隔水系统的主要组成部分。如能早期介入，将主动抗浮隔水系统的工程性能要求与基坑支护设计相结合，使基坑支护结构的止水性能、插入深度（位置）满足隔水系统的止水要求，将可以充分发挥隔排水主动抗浮技术的节能与减排的潜力和优势。

3.0.6 在进行抗浮稳定性验算以及其他相关计算时，荷载的取值原则和方法应遵守现行国家标准《建筑结构荷载规范》GB 50009 和现行行业标准《建筑工程抗浮技术标准》JGJ 476 的规定。

3.0.7 采用隔排水主动抗浮技术的地下工程必需满足抗浮稳定性要求。同时，地下结构建筑构造及结构设计应结合采用主动抗浮技术后的抗浮控制水位进行各阶段验算，并满足地下结构抗渗构造要求，包括混凝土抗渗等级、结构自防水基本厚度、建筑防水层设计等均应满足相关规范的要求。

3.0.8 对于具有抗浮工况的地下结构，采用主动抗浮技术时，基底下土层将经历回弹再压缩的过程。当基坑开挖较深（大于 5 m 以上）时，应考虑土层的回弹再压缩特性以及渗流引起的土中应力的变化，应验算地基承载力和变形是否满足工程要求。

3.0.9 不管采用何种类型的排水体，隔排水主动抗浮措施的长期有效性应与主体工程一致，因此所使用的材料和构件的耐久性应该满足设计寿命的要求。当止水帷幕为混凝土地下连续墙、水泥土搅拌桩（单头、含双头、SMW 三头、五头等）、TRD 工法、MJS 工法等水泥基材料时，耐久性可满足要求；作为基坑围护结构在主动抗浮技术运营状态止水帷幕受力状态比开挖阶段受力更小，不会因为受力产生新的受力裂缝。但止水帷幕为钢板桩、橡胶制品时，则很难满足耐久性要求，因此不宜采用。用于排水体滤层的土工织物及封堵肥槽的土工膜的原材料为高分子材料，虽存在光老化、热老化和化学（强酸碱）老化问题，但从数十年的工程使用经验看，在正常的、避免紫外线辐射的水土环境中，其抗老化性能可以满足工程需求。

在主动抗浮措施中所用的构件和设备，有一些是可以更换的，如抽水泵、泄压井的过滤构件等。对于这些设备或构件，应根据运行状况和使用经验定期更换。

3.0.10～3.0.12 此三条分别对主动抗浮措施的施工、验收和监测提出了原则性要求，明确了隔排水主动抗浮工程应编制专项施工方案。

4 材料与设备

4.1 一般规定

4.1.1 本条对隔排水系统所用材料提出的原则性要求，即采用的材料不会对水土环境造成污染，材料的使用寿命不应小于主体工程的服役期。

4.1.2 抽水泵应具备根据设定条件自发启动排水的功能，抽水泵的功率应满足排除最大渗流量的能力要求，这里明确要达到最大渗流量的 2 倍。根据上海市域的水文地质条件和地下结构主动抗浮的具体工况，抽水泵需要排除集水坑内的水，对水泵抽水能力的要求并不高，但设计时应留有余地。

4.1.3 本条是对监控系统的要求，包括：监测水位或水压传感器的精度应满足要求，及时反馈水位或水压信息以启动排水系统；关于监测传感器可更换的要求，对部分埋设在基底以下排水体或集水管上的元件有一定困难，但必要时仍可开挖更换。至于控制系统和预警系统的功能要求，在技术上都是相对成熟的。

4.1.4 备用电源的要求是从应急储备的角度考虑的，以防止极端情况下市政供电暂停，造成监控系统和抽水装置停止工作，给地下结构抗浮造成风险。备用电源可为 UPS(不间断电源)、联动自启动柴油发电机组或者市政两路电源。

4.2 材　料

4.2.1 关于封堵肥槽的隔水材料的类型和性能等，从目前市场上提供的防渗材料看，主要是土工膜、复合土工膜、土工合成材料黏土垫(GCL),后者亦称为土工防水毯或防水毯;工程实践中,也常用压实黏土层或其他低渗透性材料来封堵肥槽,以避免地表水通过肥槽渗入地下结构底部。因此,从防渗功能看,这些材料都可以用作肥槽封堵的隔水材料,其中黏土层应保证压实质量,压实系数不应低于 0.92。

土工膜材质有很多种,常见的有聚乙烯(PE)和聚氯乙烯(PVC)土工膜。从防渗功能考虑,其他材质的土工膜也可以选择。完好的土工膜是不透水的,仅从防渗角度,很薄的土工膜就能满足要求。这里提出的厚度要求,主要是从材料的力学性能和抗施工损伤的角度考虑的。土工膜漏水往往是通过土工膜上的瑕疵(孔洞)渗漏的,土工膜越薄,在施工和运营过程中越容易受损破坏,因此在工程中不应采用太薄的土工膜,而且应该对土工膜采取保护措施,比如在土工膜两侧应去除带棱角的、锋利的颗粒或障碍物,并要求铺设无纺土工织物加以保护。从成本角度考虑,也不宜用很厚的土工膜。因此,对于土工膜或复合土工膜,建议厚度不小于 0.5 mm。对于延伸率的要求是为了铺设后土工膜能适应肥槽填土的变形。在铺设土工膜时,可沿止水帷幕和地下结构外墙向上回折,对外墙和止水帷幕壁进行清理和找平,然后用膨胀螺丝固定,在螺帽与膜之间设置膜材垫片。

现行行业标准《生活垃圾卫生填埋场防渗系统工程技术规范》CJJ 11 和《钠基膨润土防水毯》JG/T 193 等对土工防水毯(GCL)的外观质量和各项物理力学性能作了详细规定。在隔排水主动抗浮措施中用于封堵肥槽的 GCL 核心性能指标是其渗透系数和厚度,而对其力学特性和抗水压性能要求不高。因此,本条根据上述技术标准,仅提出了渗透系数不大于 5×10^{-9} cm/s 和单位面积质量不低于 4 800 g/m^2 的要求,后者是对 GCL 厚度的间接要求。隔水效果的前提是 GCL 中膨润土要分布均匀,这是对产品制造工艺和质量最基本的要求。

采用压实黏土防渗是传统的隔水措施。这里要求在肥槽上部至少 2.0 m 厚范围内，采用黏土填筑，通过控制填土的含水率，分层压实后，使其渗透系数不大于 1×10^{-7} cm/s。

其他封堵材料还有三合土、低级配混凝土等，应结合现场具体情况采用。

4.2.3 在本标准中，排水体有排水层、排水带和泄压井，所用排水材料包括土工复合排水网、碎石、导水管、集水管以及泄压井所需的一些材料。

复合排水网是由特殊结构的排水芯材与上下两层无纺土工织物构成的复合材料，芯材形成排水通道，无纺土工织物发挥过滤作用，并保护排水通道。复合排水网的主要功能是排水，习惯上用单宽通水量表示其导水能力，也可以用导水率(θ)表示其导排水的能力。复合排水网的导排水能力除与水头差有关外，主要受法向压力的影响，因此在表 4.2.3 中特别规定了排水芯材的压屈强度和压屈应变。只有具备足够的抗压能力才能保证其导水性能。排水芯材的结构形式多种多样，关于复合排水网的性能要求，参考了现行行业标准《垃圾填埋场用土工排水网》CJ/T 452 和现行企业标准《铁路工程土工合成材料　第 6 部分：排水材料》Q/CR 549.6 的相关规定。

碎石盲沟是利用碎石颗粒之间的大孔隙发挥排水作用。因此，对细粒的含量作了明确限制，最好是用洁净的碎石；由于盲沟截面尺寸有限，不宜采用过大粒径的颗粒。另外，碎石中不得含有有害物质和可降解物质，这些都属于常规的要求。关于盲沟的断面形状和尺寸，符合惯例即可，没有特别要求。与其他排水体相同，盲沟外应包裹土工织物作为反滤层，以防止严重淤堵发生。

导水管是指埋设在排水层或排水盲沟内的辅助导排水管材。在排水层(复合排水网)内，导水管汇集水流，与集水管相连；对于碎石盲沟，如盲沟导排水能力无法满足通水量要求时，为提高盲沟的通水能力，在碎石中，一般靠近盲沟下部，埋设一定直径的导水管。

集水管是连接导水管与集水井(坑)的总管。

4.2.4 采用无纺土工织物作为反滤材料已成为滤排工程实践中的通行做法,常用的材料有短纤非织造土工织物或长丝纺黏非织造土工织物。在本标准所涉及的主动抗浮应用中,无纺土工织物作为排水网或排水盲沟的滤层,发挥反滤和隔离作用,在施工和运营过程中承受一定的破坏应力,故应具有一定的抗拉强度、抗刺破强度和抗撕裂强度,表 4.2.4 对这些力学性能作出了下限规定和要求。在表 4.2.4 中没有明确列出的指标,对于短纤针刺土工织物还应满足现行国家标准《土工合成材料　短纤针刺非织造土工布》GB/T 17638 的要求;对于长丝纺黏针刺土工织物,还应满足现行国家标准《土工合成材料　长丝纺粘针刺非织成土工布》GB/T 17639 的要求。

作为滤层,这里分别列出了土工织物应满足的保土、透水和防淤堵的三项设计准则。关于土工织物的反滤准则,不仅国内外的相关标准给出的要求不同,我国的不同规范《土工合成材料应用技术规范》GB/T 50290、《水运工程土工合成材料应用技术规范》JTJ 239、《水利水电工程土工合成材料应用技术规范》SL/T 225 给出的准则也存在差异。考虑隔排水主动抗浮的特定应用场景,包括单向水流、被保护土多为黏性土、水力梯度一般不大等,对反滤三准则进行了简化。对于保土准则,直接采用表观孔径的上限,实质上是允许一些细小颗粒透过滤层被排走;透水准则,要求土工织物的渗透系数不低于 100 倍的被保护土的渗透系数,对于黏性土,这个要求很容易满足;防淤堵准则采用了$GR \leqslant 3.0$,主要是根据已有研究成果,当被保护土为细粒土时,发生淤堵是必然的,只要不发生严重淤堵,即只要滤层体系的渗透性能仍优于被保护土层,渗入水量能够进入排水体并及时排走,就表明反滤层能正常工作。

配合本标准的编制,依据现行行业标准《土工合成材料测试规程》SL 235,并参考现行行业标准《公路土工合成材料试验规程》JTG E50 和美国标准 ASTM D5101，本标准编制组开展了无纺土工织物过滤黏性土的梯度比试验。试验中，模拟盲沟排水泄压主动抗浮的具体工况，采用不同克重的土工织物，设定不同的水力梯度和土工织物承受的法向应力水平，考察实际工况下无纺土工织物作为滤层的有效性。试验用土样取自上海浦东张江高科技园区第④层淤泥质黏土，土工织物选用不同克重（125 g/m^2、200 g/m^2、300 g/m^2、400 g/m^2）的聚酯（PET）短纤针刺无纺土工织物。共设计完成了 40 个梯度比试验，具体试验方案见表 1。

表 1　梯度比试验方案

土工织物滤层（g/m^2）	被保护土	应力水平（kPa）	水力梯度	持续时间（h）
125，200，300，400	淤泥质黏土	0	1.0，2.0	48
		5		48
		10		48
		15		48
		25		48

试验持续 48 h，在反滤体系渗流达到稳定阶段，不同克重无纺土工织物过滤黏性土的梯度比试验结果见表 2。

表 2　梯度比（*GR*）试验结果

应力 / *GR* / 织物	水力梯度 *i*									
	1.0					2.0				
	0 kPa	5 kPa	10 kPa	15 kPa	25 kPa	0 kPa	5 kPa	10 kPa	15 kPa	25 kPa
125 g/m^2	0.91	0.98	1.07	1.13	1.36	1.49	1.54	1.37	1.19	2.01
200 g/m^2	1.31	1.35	1.37	1.46	1.58	0.66	0.76	0.84	1.02	1.08
300 g/m^2	0.72	0.91	1.27	1.87	2.62	0.96	1.87	2.88	3.37	4.11
400 g/m^2	0.82	0.90	1.34	2.21	3.04	2.69	3.42	3.69	4.37	4.82

依据现行技术标准，可根据梯度比（*GR*）的大小来判断土工织物作为滤层的淤堵程度。当 *GR* 大于 3 时，认为发生了严重的

淤堵，渗透系数的下降将超过一个数量级。从表2的试验结果可知：①不同克重的无纺土工织物，由于其微观结构和等效孔径的差异，在过滤黏性土时淤堵程度差异明显；200 g/m^2 的聚酯短纤针刺土工织物能够避免严重淤堵，而 300 g/m^2 和 400 g/m^2 的短纤针刺无纺土工织物在特定情形下会出现了 *GR* 大于3的情况，发生了不容许的严重淤堵。②土工织物承受的法向应力和渗流场的水力梯度是影响土工织物反滤效果的重要因素，特别是法向应力的影响十分显著；总体上，*GR* 随土工织物承受的法向应力增加、渗流场水力梯度的增大而增大。

基于本次土工织物过滤黏性土的梯度比试验结果，在工程实践中，在选择土工织物时应考虑排水泄压排水体滤层的实际应用工况（法向应力、水力梯度等），宜采用 200 g/m^2 的无纺土工织物。

4.3 设 备

4.3.1，4.3.2 在排水主动抗浮系统中，有两类水泵：一种是用于抽排集水坑内集水的水泵，应具备双水位自动控制机关，可通过控制系统按照集水坑内水位值控制排水量；另一种是用于抽水泄压的水泵，应具备双水压控制机关，可通过控制系统按照监测到的水头压力控制排水或关闭。

5 设　计

5.1 一般规定

5.1.1 掌握场地的工程地质与水文地质条件，明确工程建设的特点和具体要求，是开展隔排水抗浮设计的前提，同时收集调查地下结构周边环境的资料，分析排水可能对周边环境的影响。

5.1.2 对于一个场地，抗浮设防水位是确定的。在上海地区，大部分情况下可以将抗浮设防水位定在室外地坪标高或室外地坪以下 0.5 m 处。然后，根据抗浮设防水位，以及地下结构的埋深、自重和荷载情况，确定一个抗浮控制水位。此水位并非一定在地下结构基底标高。确定的抗浮控制水位宜同时满足：①满足抗浮稳定性要求；②少排水，节约运行成本并减小对环境的影响。

5.1.3 本标准中，排水系统包括位于地下结构底部排水体（排水层、排水盲沟、泄压井等）、集水坑和抽水泵。在抗浮设防水位和抗浮控制水位确定之后，可根据计算排水量的大小，选用合适的排水体类型，可以是排水层、排水盲沟、泄压井或其组合。根据上海地区已有隔排水主动抗浮工程的实践经验，一般采用一定间距纵横布置的排水盲沟可以满足排水需求。在既有地下结构抗浮抢险工程中，可根据场地的水文地质条件和工程特点，可选择在基底下设置分布式泄压井，或者打穿基底设置泄压孔后，在底板之上重新设置土工排水网，进行排水。

5.1.4 当隔排水措施造成水位下降时，将造成地基有效应力增加，会对地基变形、基础受力有不利影响，须进行工况包络设计。类似地，排水减压措施也会对周围环境造成一定的不利影响，设计时应对此分析计算和预测。当这种不利影响超出一定限度时，应采取控制措施。根据已有研究成果，当地下结构下发育有不少于 2.0 m 厚的隔水层或相对隔水层（渗透系数不大于 1×10^{-5} cm/s），且四周有止水帷幕时，采用排水减压主动抗浮技术引起的基坑外水位下降只有几十厘米，小于正常年份汛期与枯水期地下水位差。因此，正常情况下排水减压措施对周围环境的影响可以忽略不计。

5.2 勘察要求

5.2.1 现有岩土工程勘察手段和成果一般能满足主动抗浮工程设计、施工要求，可结合项目相应阶段岩土工程勘察开展。

5.2.2～5.2.4 承压水对地下结构抗浮影响主要体现在下列情况：

1 承压水压力作用在上覆土层上，超过上覆土层重量部分压力将作用在地下结构底板。

2 由于桩基、围护结构侧壁、钻孔等薄弱点在水压力作用下可能直接作用在地下结构底板。

3 出水量超过设计流量，设计抗浮失效。

从这个角度考虑，当需考虑承压水影响时，应进行针对性水文地质勘察，主控勘察项目包含：承压水水头；含水层渗透性及涌水量；水力联系。

上述项目主要用于主动抗浮技术适用性评价、环境影响评价等。由于大部分水文地质参数需要通过现场试验确定，根据原位测试结果更能真实反映水文地质参数，因此提倡原位测试确定设计参数。上海地区承压水对地下结构抗浮有影响时，大部分也需考虑基坑突涌问题，此时可结合基坑围护设计、施工进行专项水文地质勘察。

5.2.5 上海地区中浅部第④层淤泥质黏土、第$⑤_{-1}$、⑥层、$⑧_{-1}$层黏性土渗透系数低，是较为典型的不透水层，部分区域第

③层、$⑤_{-3}$层夹砂少，也可归为相对隔水层。

上海地区中深部承压含水层主要包括第⑦、⑨层砂性土，局部区域分布第$⑤_{-0}$层、$⑤_{-2}$层、$⑥_{-2}$层微承压含水层，第$⑤_{-3}$层、$⑧_{-2}$层受夹砂、地层沉积、切割条件差异，变化较大，需根据实际勘察结果分析。

5.2.6 本条列出了目前常用的水文地质勘察测试项目和测试方法。由于测试技术不断发展，传感器精度不断提高，测试设备不断改进，测试手段也会变化，使用时主要根据测试目的和精度要求选择合适的方法。各测试项目具体测试方法可参考现行协会标准《地下水原位测试规程》T/CECS 55 等。

压水试验常用于了解基岩地区裂隙发育情况，上海软土地区可用于测试止水帷幕在测试段中渗漏情况，可用于结合止水帷幕的主动抗浮技术可靠性验证。

5.2.7 上海地区抗浮设防水位一般可结合场地条件确定：

1 一般情况可取完成后室外地坪以下 0.5 m。

2 当完成后场地低洼，应考虑使用期最大洪涝积水深度。

3 当室外地坪通过地下室抬高或堆土填高，标高超过四周道路 1 m 时，可取最高排水面标高，并应考虑地下水毛细水上升高度。

4 邻水地块不应低于最高防洪水。

5 当场地范围大且场地起伏时，可结合场地条件分区考虑抗浮设防水位。

主动抗浮排水设施淤堵主要包括物理作用、化学作用和生物作用，勘察报告应结合土质和水质条件有针对性提出防淤堵措施建议。

5.2.8 对既有地下结构抗浮治理前，应了解其受损程度及范围、地下水水位变化及原抗浮设计假定、地基土渗透系数及性质、周边环境及水力联系等情况。

5.3 抗浮稳定性计算

5.3.1 应根据主动抗浮工程的特点、场地条件及施工期，分别设定施工期抗浮设防水位和使用期抗浮设防水位，二者可不相同。施工期，应关注极端气候条件下降雨引起的高水位。一般勘察报告需给出相关内容，若无法确定，应通过专项论证。

施工期抗浮设防水位应取下列各水位的最高值：

1）工程勘察报告提供的场地稳定地下水位及季节性极端高水位。

2）年地下水最高水位。

3）分析预测的施工期最高地下水位。

4）施工期最不利工况水位。

5）根据工程经验确定的场地最高水位。

使用期抗浮设防水位应取下列各水位的最高值：

1）地下结构设计基准期内长期观测的最高地下水位。

2）与地下结构浮力有关的多层地下水独立水位、有水力联系含水层的最高混合水位。

3）根据场地具体条件，分析预测的运营期最高地下水位。

4）根据工程经验确定的场地最高地下水位。

5.3.2 抗浮控制水位的确定，应兼顾地下结构抗浮稳定性和运维经济效益以及降低地下水位对地基承载力和变形的影响。考虑地下水位降得越低，则入渗流量将相应增大，会增加运维成本，也会增加抗压工况的成本。另外，对于采用天然地基的地下结构，地下水位降低，将会增大基底压力。因此，在确定抗浮控制水位时，应综合考虑这些因素。

5.3.3 本条为对抗浮安全的总要求。在设计时可根据具体情况确定抗力和浮力，但在任何情况下抗浮安全系数不得小于1.10。式(5.3.3)中的 G 为地下结构及附加物(上部结构及覆盖填土等)重力标准值。

5.3.4 根据上海市地质调查院关于市域地下水动态长期观测结果,大气降水是浅层地下水的主要补给来源,在自然条件下地下水的水力坡度一般为万分之一,径流条件差,地下水流速极为缓慢。因此,在计算地下结构承受的浮力时,可忽略地下水渗流产生的浮力,按式(5.3.4-1)仅能计算静水压力产生的浮力。

对于承压含水层的影响,当承压水头大于抗浮控制水位时,承压水可能以两种情况对地下结构产生浮力或者浮托力:一种情况是通过局部透水或半透水造成越流进入潜水含水层,进而渗入排水体产生浮力;另一种情况是承压水头扣除隔水层(或者相对隔水层)的重量后产生的浮托力。两种情况下承压水头都不直接对地下结构产生浮力。但在排水系统施工阶段,由于地下水位控制在底板以下一定深度,比如0.5 m~1.0 m,比抗浮控制水位更低,此时应按式(5.3.4-2)验算承压含水层抗突涌的稳定性。如不满足要求,应采取措施控制承压含水层水位。在进行抗突涌验算时,应根据施工节点分别进行验算,式中的基底压力也需要按照实际工况合理取值。

5.3.5 对于施工期和使用期地下结构的抗浮力计算和设计值的确定,在计算抗浮力时,没有将地下结构与四周接触填料之间摩阻力考虑在内,而是作为安全储备。该摩阻力值受地下结构有无外挑结构及肥槽回填质量的影响,不确定性比较高,难以准确计算。表5.3.5给出了各抗浮力的组合系数,最大组合系数不大于1.00,使抗浮安全系数计算结果偏于保守。

5.3.6 在验算地下结构的抗浮稳定时,宜将地下结构作为一个整体进行验算,也可以根据地下结构的构造特征分区域进行验算。

5.4 地下水入渗流量计算

5.4.1 在初步设计阶段，估算总入渗流量的目的主要是为选择排水体类型和进行排水体的设计(布置)提供依据。因此，在隔水系统正常工作的前提下，按最短渗流路径估算的运营期地下水总入渗流量是偏大的，据此设计的排水方案是安全的。这样的估算方法易于操作，便于设计人员应用。在对场地的水文地质条件准确掌握的情况下，可绘制地下水渗流的流网，分别计算每个流槽的渗流量，然后汇总作为初设阶段的入渗流量。

在潜水含水层，在水头差 ΔH 驱动下，地下水绕过止水帷幕渗入地下结构基底的排水体需要穿越多个具有不同透水性能的土层，沿渗流路径各土层是串联关系，通过各土层的流量相等，各土层的物理量存在如下关系：

$$\begin{cases} k_1 i_1 = k_2 i_2 = \cdots\cdots = k_n i_n = Q_r / A \\ i_1 h_1 + i_2 h_2 + \cdots\cdots + i_n h_n = \Delta H \end{cases} \tag{2}$$

式中：Q_r——计算得到的地下水总入渗流量，亦即需要排水系统排出的流量(m^3/s)；

A——过水断面面积(m^2)；

k_j，i_j，h_j——分别为渗流路径上第 j 土层的垂直渗透系数(m/s)、水力梯度、厚度(m)，$j=1\sim n$；

ΔH——抗浮设防水位与抗浮控制水位之间的水位差(m)。

按照上式可以推导出式(5.4.1-1)及式(5.4.1-2)。按式(5.4.1-1)估算入渗流量时，渗透系数应采用式(5.4.1-2)确定的各土层渗透系数的当量值。需要说明的是，在计算水力梯度时，水头差取($\Delta H+\Delta h_c$)，其中 Δh_c 是使用期由于抽排水而引起的水位变动区间，当水位最低时水头差最大，水力梯度最大，入渗流量最大。

如果要考虑其他极端工况，包括止水帷幕隔水失效或(和)地表水通过肥槽入渗，则情况比较复杂，目前没有合适的解析式来估算入渗流量。可采用数值模拟方法考虑各种工况下的入渗流量。

5.4.2 基底渗水量是主动抗浮设计的关键指标。实际工程中，当不考虑止水帷幕的有利作用或无止水帷幕时，可按本条潜水非完整井公式对地下结构入渗流量进行初步估算。该公式是基于以下基本假定：

(1) 所在土层为潜水含水层；

(2) 基底下卧层为隔水层且层底水平；

(3) 入渗流动为稳定流，坑内外地下水位保持不变；

(4) 渗入基底流量等于坑底涌水量。

应当注意的是，条文公式中降水影响半径 R 应根据现场地下水补给与排水平衡法获得。从理论上讲，影响半径除了与降深、含水层渗透性和厚度有关外，还会随着抽水时间的延长而扩大，并非定值。实际工程中，当外来补给值等于渗出值时，影响半径不再扩大，才成为一个定值。鉴于基底渗水是一个长期缓慢过程，与主动降水的作用半径是不同的，当不考虑止水帷幕的隔水作用计算基底渗水量时，影响半径不宜直接按 $R=2s_{\mathrm{w}}\sqrt{kH_0}$ 计算，而宜采用补给与排水平衡法计算，即当降水补给量 Q_{in} 与基底渗水量 Q_{out} 相等时，影响半径保持为固定值。

其中 Q_{out} 按条文式(5.4.2)计算，而 Q_{in} 按下式计算。

$$Q_{\mathrm{in}}=aF \tag{3}$$

式中：a——大气降水补给速率(m/d/m²)，可采用设计重遇期内当地降水量及降水入渗系数确定；

F——降水补给面积(m²)，按下式计算。

$$F=\pi[(R+R_0)^2-R_0^2] \tag{4}$$

由 $Q_{in}=Q_{out}$，可求得影响半径 R 值，进而求得基底渗水量。大气降水入渗量计算时应考虑高峰雨量及肥槽入渗增量影响，故本条规定按不少于 2 倍入渗量计算。经结合工程案例验算，按上述方法计算，结果与有限元模拟分析结果较为吻合。

5.4.3 按第 5.4.1 条和第 5.4.2 条估算地下水入渗流量没有考虑排水体类型及布置形式和滤层透水能力的影响，也没有考虑承压含水层越流可能增加的水量，而这些都是影响地下水渗流的因素。因此，在排水设计方案确定之后，应根据隔排水措施的具体情况，采用数值模拟手段，进一步校核入渗流量。

进行地下水渗流的数值模拟，应根据场地水文地质条件和地下结构隔排水的具体措施，按照地下水动力学基本原理，包括基于水均衡原理的地下水连续性方程，以及遵守能量守恒定理的地下水渗流线性运动定律（达西定律），建立渗流基本微分方程。在上海地区，地下水位变幅较小，为简化计算，可视地下水渗流为稳定流。

对于地下结构隔排水主动抗浮工程，地下水渗流分析的重点是潜水含水层。在进行渗流分析时，是否考虑承压含水层越流则取决于两种含水层之间的水力联系。因此，应根据地下结构在地层中的位置和场地的水文地质条件来决定是否需要考虑越流补给。比如，基底与承压含水层顶板之间土层较薄，或者存在透水捷径，并且承压水头高于抗浮控制水位，则应考虑承压含水层越流补给。否则，可以忽略。

地下水渗流场的边界条件有三种类型，常用的有给定水头边界（第一类边界）和给定流量边界（第二类边界）。第三类边界属于混合边界，既难以确定，也很少使用。结合隔排水主动抗浮的具体工况，地下水渗流数值模型的边界条件应属于第一类边界。考虑地下水位变幅不大，抗浮控制水位设为定值，为简化计算采用常水头边界。

数值模型参数是影响分析结果可靠性的主要因素，因此要求模型所用水文地质参数应通过现场试验获得;上海地区的基坑工程往往需要在开挖前进行井点降水作业,积累一些现场观测资料。因此,可以充分利用这些有价值的信息来检验地下水渗流数值模型参数的合理性。

建立数值模型进行地下水渗流分析的目的是为了获得地下水入渗流量,也是排水系统需要排出的水量。对于泄压井,入渗流量即为井流量;对于排水层或排水盲沟,则概化为一口大井或者分区概化为若干个大井,以抗浮控制水位作为井水位计算入渗流量。

可借助现有的软件平台建立渗流数值模型,进行地下水渗流模拟。从文献资料看,有多种软件均可进行地下水渗流数值模拟,比如 PEFLOW、MODFLOW、FLAC、ABAQUS、MIDAS GTS 等。

5.5 排水系统设计

5.5.1 当采用复合排水网或盲沟作为排水体时,应在土工网或盲沟内埋设导水管,将排水体汇集的地下水导入集水坑或经过集水管进入集水坑。

5.5.2 本标准提出了面状、带状和点状排水体,即排水层、排水带(盲沟)和泄压井。就排水能力来讲,从大到小依次为排水层、排水带和泄压井。在工程应用中,应根据地下结构的埋深和估算的入渗流量选择排水体类型。这里给出排水层、排水带和泄压井的结构形式简图。图示了排水体的内部结构构成,包括其中的导水管,通过导水管将排水体汇集的地下水导入集水坑。

5.5.3 在排水减压主动抗浮实践中,存在两种抽排水形式:①排水体收集的入渗水流在水头差作用下通过导水管/集水管以自流形式进入集水坑,然后通过抽水泵排出;②通过监测排水体内水压,当达到设定的阈值时,自动开启抽水泵直接从排水体内抽水泄压。本条分别给出了两种抽排水形式的结构简图，以便于根据项目特点和设计要求选择使用。其中，图中所示不锈钢钢管应提前预埋，钢管四周焊接钢板作为止水构造要求，钢板宽度不宜小于 50 mm。

5.5.4 紧贴排水层和排水盲沟之上，要求采用土工膜覆盖。对于排水盲沟，覆盖的土工膜应在盲沟两侧各延长一定宽度（如 300 mm）。该层土工膜仅为避免基础垫层浇筑时水泥浆渗入排水体，而水泥浆在较短时间会失去流动性。这里给出了厚度下限 0.3 mm，选择较薄的土工膜，主要为了节省费用。

5.5.5 采用排水网作为排水体时，在估算排水能力时需要排水网的导水参数，该参数可以是渗透系数、导水率或通水量，三者之间存在如下函数关系：

$$Q=\theta \cdot B \cdot i=(k_{t}\delta)B \cdot i \tag{5}$$

式中：Q——排水网通水量（m^3/s），取 $B=1$ m，即为单宽通水量 q_n；

θ——排水网导水率（m^2/s）；

k_t——排水网水平渗透系数（m/s）；

δ——排水网厚度（m）；

i——水力梯度；

B——排水网宽度（m）。

因此，可以选择任一导水参数作为排水网的设计参数。鉴于实践中人们习惯采用通水量，故要求测试排水网的单宽通水量作为计算参数。由于排水网（带，板）的导水参数受法向压力的影响，也与水力梯度直接相关，因此宜根据工程实际情况选取试验时的法向应力和水力梯度。当无法确定时，可取法向应力 100 kPa，水力梯度取 0.25。

5.5.6 当盲沟内水头差为零（水力梯度等于零）时，就不会有水的流动。为了估算盲沟的导水能力，根据工程经验，假定盲沟内离集水坑最远处的水位（水头）高出抗浮控制水位（水头）1.0 m。碎石盲沟渗透系数的取值参考了《工程地质手册（第五版）》中表

9-3-9 砾石渗透系数的经验值。

5.5.8 对于不同的排水体，给出了排水量（能力）的估算方法。任一种排水体的导排水能力应不小于需排水量的 10 倍。对于排水网，入渗水流进入排水体后向四周排泄，因此排水量等于单宽排水量乘以周长；对于盲沟排水，则排水量等于单个盲沟通水量乘以盲沟个数。

5.5.9 可结合建筑及给排水专业设计布置主动抗浮的排水集水坑，不必增加专门集水坑。如果不足，应根据排水系统的需要增加和合理布置集水坑。根据项目经验，上海地区地下一层或两层的地下室，一般原有的建筑集水坑可满足蓄水要求。

5.5.10 集水管是连接排水体（含导水管）与集水坑的总管，因此直径不宜太小，这里给出 60 mm 作为集水管直径下限。

5.5.12 排水体收集的地下水有两种方式排出（见第 5.5.3 条），其中一种为主动抽排。设置主动抽排的目的是防止基底下局部出现水压异常增高，可能对地下结构造成不利影响。因此，在排水体内布置监测系统，设定报警值（或阈值），当水压达到该值时自动启动抽水泵抽水泄压。对于应急泄压泵，应当预留备份，防止泄压泵失效。但考虑泄压泵不太可能同时失效，因此建议按泄压泵数量的 25%备用。

5.5.13 在排水系统设置反冲洗装置的目的是防止淤堵，但是否有效取决于排水体的类型。对于泄压井，通过反冲洗或者定期更换过滤层可以防止排水体淤堵；对于排水层或排水盲沟，反冲洗只能清洗排水体内部的细粒物质，而对于消除排水体滤层的淤堵，效果有限。因此，设计时宜结合具体情况和目的决定是否设置反冲洗装置。

5.6 隔水系统设计

5.6.1 本条进一步明确隔水系统的构成。其中，隔水层或相对隔水层应有一定厚度，不小于 2.0 m。

5.6.2 第 1 款和第 2 款已在基本规定的条文说明部分详述。第 3 款主要针对地下结构基底位于含水层，而下部有隔水层或相对隔水层的情形，则止水帷幕应插入下部的隔水层或相对隔水层一定深度，以构成有效的隔水系统。在上海地区，这种情况非常罕见。

5.6.3 止水帷幕对于基坑工程属于临时措施，但对隔排水抗浮工程，其寿命与主体工程一致，是隔水系统的组成部分，为永久措施。因此，基坑开挖后，应专项检查暴露出来的止水帷幕的防漏、抗渗效果。如果存在缺陷，应在止水帷幕外侧采取措施进行封堵。若采用灌注桩与搅拌桩作为止水帷幕，应在二者间土层顶部采用防水毯等隔水措施封堵。

5.6.4 肥槽封堵是隔水系统的重要组成部分，可避免降水或地表水通过肥槽渗入，增大地下结构的浮力和抗浮失效的风险。当止水帷幕质量有保证，隔水效果好时，最好在肥槽上部封堵，有利于地下室抗渗；当止水帷幕的隔水效果不能保证时，也可以在肥槽下部封堵，避免水从肥槽渗入地下室底部。无论在肥槽上部还是底部封堵，都应保证施工质量。

5.7 结构及构造设计

5.7.1 对于有地下室的建筑物，在进行天然地基或桩基的承载力验算时，可以考虑水浮力的有利影响。采用主动抗浮会降低地下水位，因此，在考虑地下水位的有利影响时，应采用历史低水位和主动抗浮设计水位两者的低值。主动抗浮技术根据需要进行降水，设计水位通常会位于底板标高处，也可以根据需要高于底板标高，地下室外墙及底板的受力计算应取不利水位进行计算。

5.7.2 水压力是均布荷载，而弹性地基板形成的反力不均匀，向受力点集中(柱底、墙底)，如图 2 所示。因此，合理的做法应区分这种受力的差异。显然，均布反力是偏于保守的。

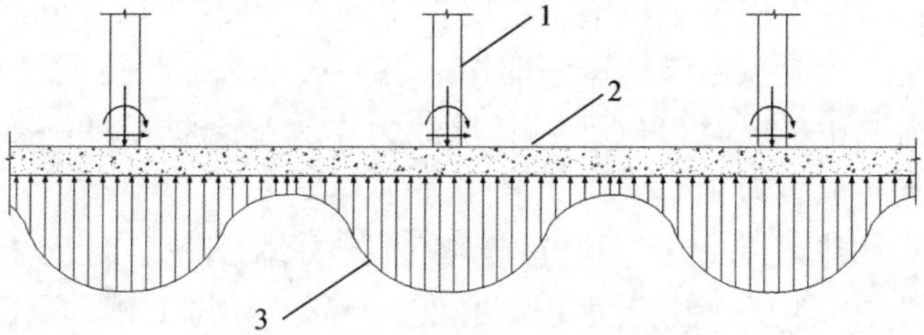

1—结构柱；2—基础底板；3—基底反力

图 2　弹性地基板土反力示意图

5.7.3　防水板是基础结构设计中比较经济和简单的结构形式。防水板一般情况下较薄，往往由反冲切控制板厚截面。因此，比较好的做法是通过加大柱帽尺寸防止反冲切破坏。

在以下两种情况下：①抗浮（高）水位工况下，地下车库仍由抗压工况控制；②地下水水位低于防水板，此工况下防水板亦是防潮板。此时，基础底板的构造可以按照建筑地坪处理，设置分仓缝适当配筋即可，厚度也可降低为 100 mm～150 mm，配筋可按照单层双向。

基础产生沉降时，为使得荷载不向防水板扩散，则在基础周边设置软垫层，软垫层一般可采用聚苯板或焦渣等压缩性较高的材料。

5.7.4　基础底板外墙板的结构设计，除按照相关规范进行基本组合承载能力极限状态进行设计外，还应进行正常使用极限状态设计。在进行基础底板及墙板的裂缝控制计算时，当墙板或底板在抗浮水位以上时，保护层厚度不宜小于 40 mm；在抗浮水位以下时，则不宜小于 50 mm。计算裂缝时，当保护层厚度大于 30 mm 时按照 30 mm 进行抗裂计算；当设置有建筑防水层或位于抗浮水位以上时，裂缝控制标准可以按照 0.3 mm 进行控制。

5.7.5　采用隔排水主动抗浮技术后，可不再采用其他抗浮措施。但当基础开挖超过 5 m 以上，按照地区经验基底土存在较明显回弹时，宜每根柱子下设置 1 根构造桩。构造桩桩径不宜小于

400 mm，桩尖应位于可塑状粉质黏土等相对硬层，以控制回弹再压缩变形。避免回弹再压缩的构造桩一般不必进行抗回弹计算，但作为抗压工况时可以计入其承载力作为复合桩基的一部分而提供竖向承载力。

5.7.6 根据已有地下结构抗浮事故调查，并结合隔排水主动抗浮技术特点，在结构设计中宜为将来可能的故障处置创造（预留）条件。

在监控系统设计时，可在关键部位设计备用传感器的安装位置，备用传感器的预留位置宜和原有传感器数量相同，便于传感器安装位置出现损坏时的更换，以及出现险情时加密测点。

5.7.8 地下结构抗浮治理工程中，原抗浮构件承载力受损情况目前难以准确评估。采用泄压井处理，可不考虑原抗浮构件承载力，规避了传统设计方法要对原构件承载力进行评估的难题。

附：设计案例1

上海浦东某地下停车库，地下2层，室外地坪标高为±0.00 m，顶板覆土厚度1.00 m～1.20 m，顶板结构顶标高1.00 m，地下一层层高为3.05 m，地下二层层高为3.00 m，采用板柱剪力墙结构体系。车库平面长97.20 m，宽34.80 m，建筑平面布置如图3所示，典型剖面图如图4所示。

底板厚度400 mm，基底垫层的底面标高为－5.60 m，基础底面位于第③层灰色淤泥质粉质黏土，渗透系数为5.0×10^{-6} cm/s，未修正地基承载力为60 kPa；基坑围护采用ϕ650@850钻孔灌注桩，止水帷幕为2ϕ700@900的双轴搅拌桩，基坑围护典型剖面图如图5所示，进入第④层灰色淤泥质黏土，渗透系数为4.0×10^{-7} cm/s。另据地勘报告，第$②_1$层褐黄色粉质黏土与第$②_2$层灰黄色粉质黏土的渗透系数为5.0×10^{-6} cm/s。

抗浮设防水位取地表以下0.5 m，经抗浮计算，本项目基础设计主要由抗浮工况控制。因基底位于第③层灰色淤泥质粉质黏

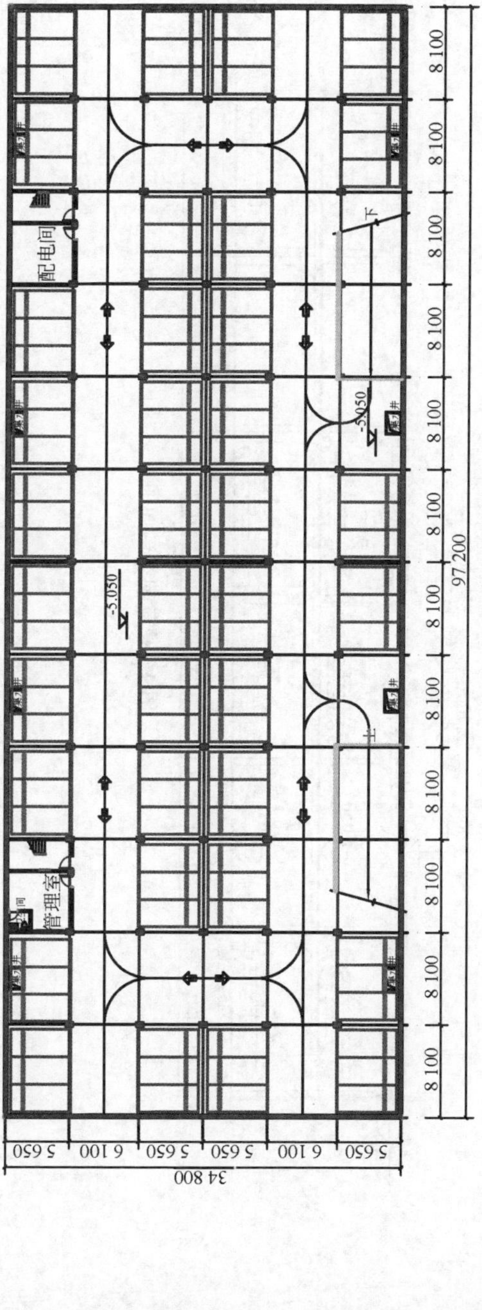

图 3 建筑平面布置图

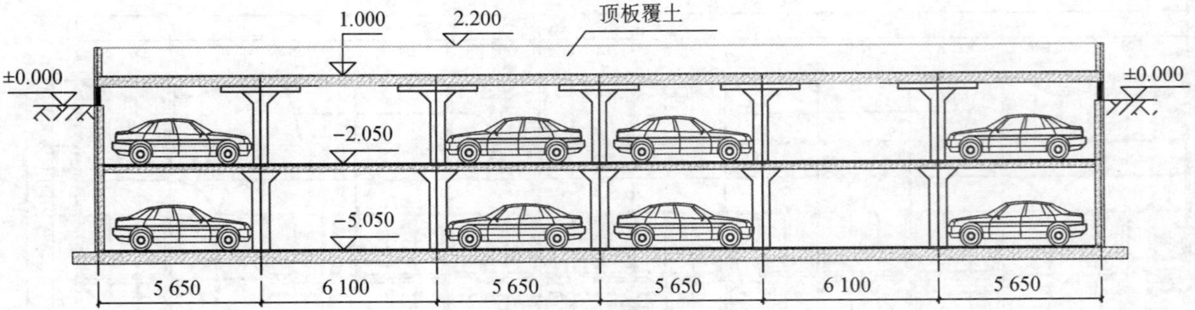
1.000
2.200
顶板覆土
±0.000
±0.000
−2.050
−5.050
5 650
6 100
5 650
5 650
6 100
5 650

图 4　建筑典型剖面图

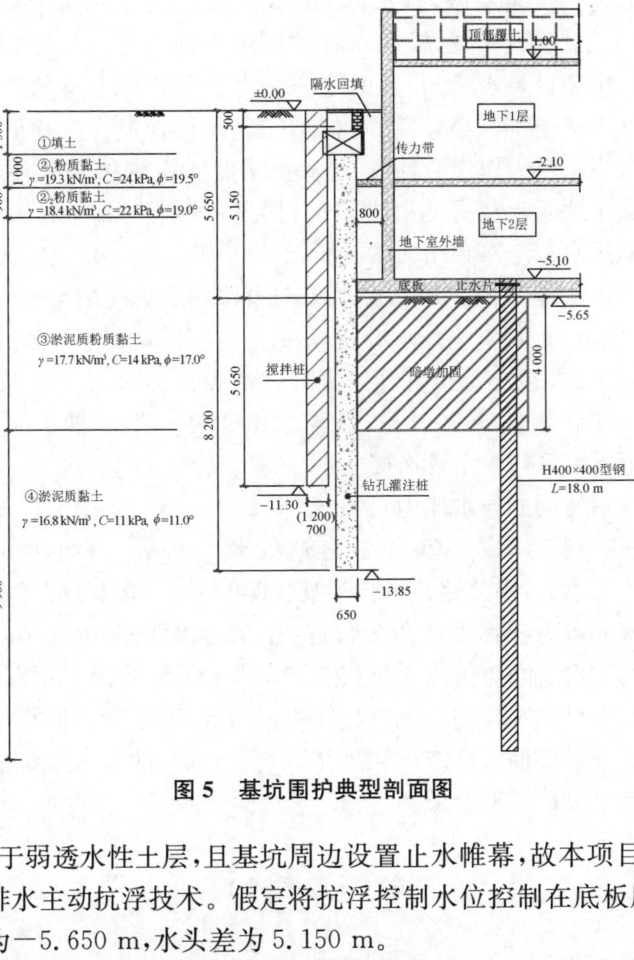

图 5　基坑围护典型剖面图

土，属于弱透水性土层，且基坑周边设置止水帷幕，故本项目可采用隔排水主动抗浮技术。假定将抗浮控制水位控制在底板底，即标高为−5.650 m，水头差为 5.150 m。

初步设计阶段，根据最短渗流路径按照式(5.4.1-1)估算入渗流量。其中，A 为止水帷幕围成的内坑面积，约为 3 850.0 m²；根据基坑围护剖面图，地下水渗流路径长度 $L=5.15+5.65\times2=16.45$ m；使用期间由于抽排水而引起的水位变动区间按 0.5 m 考虑，故平均水力梯度等于 0.343。地下水渗流路径上各土层渗透系数的当量值为 3.2×10^{-6} cm/s，则入渗流量为 3.21 m³/d。

因入渗流量有限，排水体的结构形式考虑采用排水盲沟，排水盲沟纵横垂直布置，横向布置的盲沟中埋设集水管，纵向布置的盲沟中埋设导水管，布置时应充分考虑利用原有建筑集水井，可降低土建成本。经计算，将抗浮控制水位控制在底板底，即完全不考虑水浮力作用时，第③层灰色淤泥质粉质黏土作为天然基础可满足地基承载力的要求，故直接采用筏板基础，柱下设置柱墩。隔排水系统布置图如图 6 所示。

设置 4 道横向盲沟和 2 道纵向盲沟，盲沟采用倒梯形，深度为 400 mm，底部宽 1.0 m，上部宽 1.8 m，内部导水管和集水管均采用 ϕ100 外包土工布盲管增强导水能力。另考虑双重保险，在底板中部新增两个集水井，设置水压监测和主动抽水泵，采用 T 形不锈钢管与集水管连接。

排水盲沟的导水能力可按式(5.5.6)计算，其中盲沟渗透系数按最不利考虑取 0.01 m/s；连通集水井的横向盲沟，因其两侧均设置集水井，渗流路径最长为其长度的一半，取 16.0 m，故盲沟内渗流的水力梯度为 0.062 5；盲沟的断面面积为 0.56 m^2，则单个盲沟排水口的流量为 $q_d = 2.1 \times 10^{-4}\ m^3/s = 18.14\ m^3/d$。

本项目排水盲沟泄水口数量一共为 8 个(不考虑底板中部设置的 2 处主动抽水系统，正常情况不会启动)，故排水系统的排水能力满足设计标准要求。

附：设计案例 2

上海某地下停车库，地下 2 层，室外地坪标高为±0.00 m，顶板覆土厚度 1.30 m，顶板结构顶标高－1.600 m，地下一层层高为 3.70 m，地下二层层高为 4.20 m，采用框架结构体系。车库平面长 168.00 m，宽 92.20 m。上浮区域平面布置图如图 7 所示，建筑典型剖面图如图 8 所示。

底板厚度 400 mm，基底垫层的底面标高为－10.200 m，基础

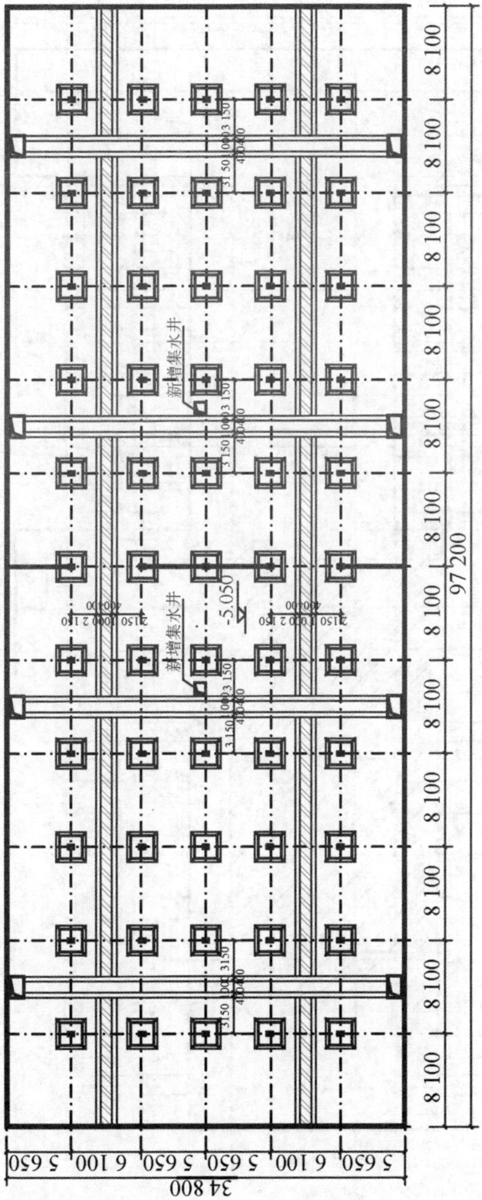

图6 隔排水系统布置图

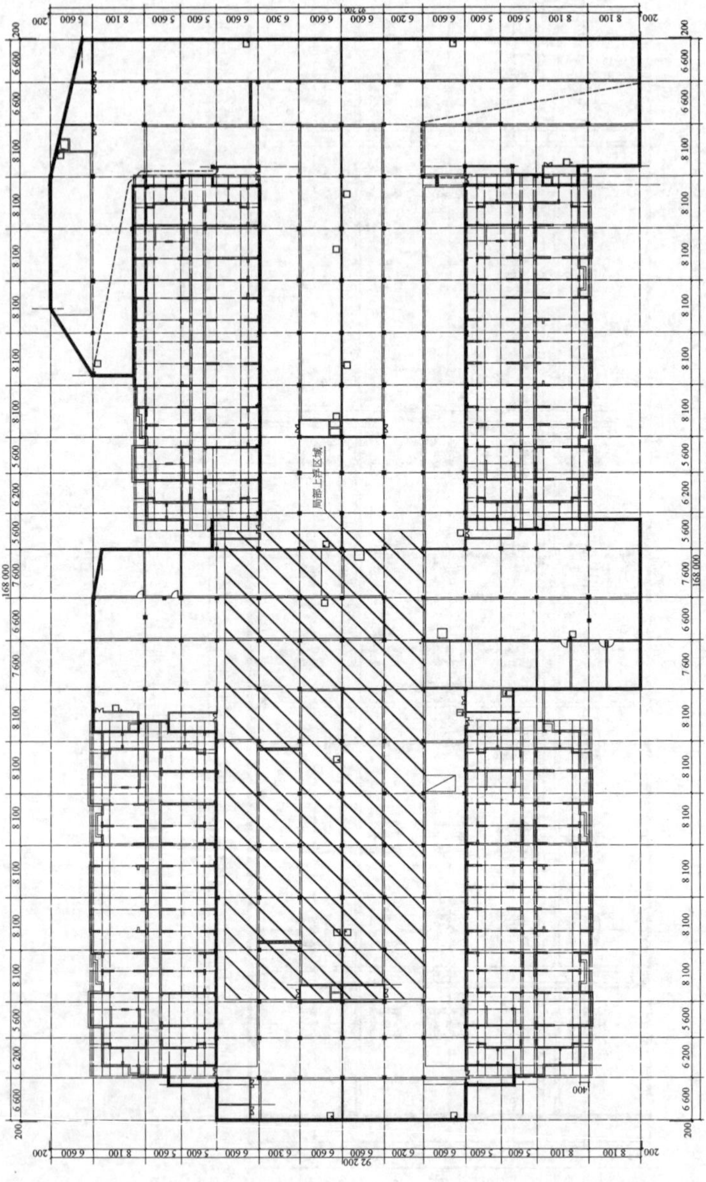

图 7　上浮区域平面布置图

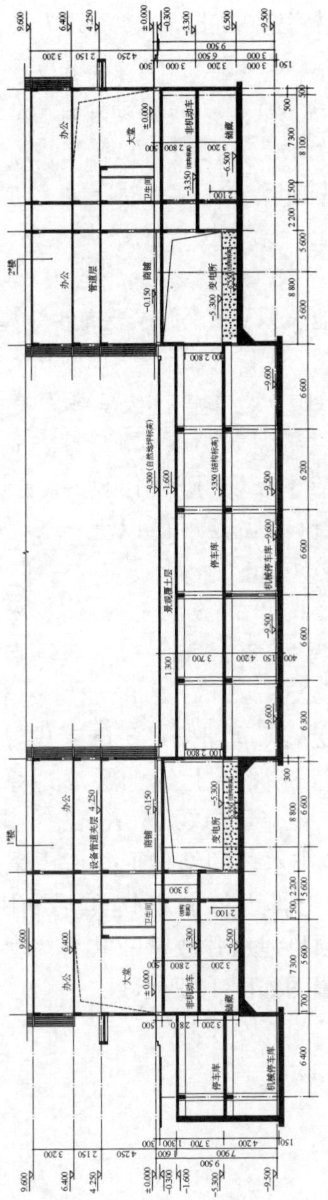

图 8　建筑典型剖面图

底面位于第④层灰色淤泥质黏土，渗透系数为 1.0×10^{-6} cm/s，未修正地基承载力为 55 kPa；基坑围护采用 ϕ900@1100 钻孔灌注桩，止水帷幕为 2ϕ700@1 000 的双轴搅拌桩，基坑围护典型剖面图如图 9 所示，进入第$⑤_{1\text{-}1}$ 层灰色黏土，渗透系数为 4.0×10^{-7} cm/s。另根据地勘报告第$②_1$ 层褐黄色粉质黏土、第$②_2$ 层灰黄色淤泥质粉质黏土和第③层灰色淤泥质黏土的渗透系数分别为 4.0×10^{-6} cm/s、5.0×10^{-6} cm/s 和 5.0×10^{-6} cm/s。

抗浮设防水位取地表以下 0.5 m，经抗浮计算，本工程基础设计主要由抗浮工况控制，采用 300 mm×300 mm 预制方桩，单桩抗压承载力特征值为 910 kN，单桩抗拔承载力特征值为 506 kN。因基底位于第④层灰色淤泥质黏土，属于弱透水性土层，且基坑周边设置止水帷幕。故本项目可采用泄水井主动抗浮技术。假定将抗浮控制水位控制在底板顶面以上 1.50 m，即标高为 −8.150 m，水头差为 7.650 m。

根据最短渗流路径按照式(5.4.1-1)估算入渗流量。其中，局部上浮区域面积约为 2 280.0 m^2；根据基坑围护剖面图，地下水渗流路径长度 $L=15.5+15.5-9.8=21.2$ m；运营期间由于抽排水而引起的水位变动区间即按 0.5 m 考虑，故平均水力梯度等于 0.384。地下水渗流路径上各土层渗透系数的当量值为 7.28×10^{-7} cm/s，则入渗流量为 0.55 m^3/d。

因入渗流量有限，排水体的结构形式考虑采用泄压井，均匀布置，地下水由水平管道排入集水井中，然后利用集水井中的水泵将地下水抽走。本项目泄水井数量一共为 3 套，满足设计标准要求。泄水井系统布置图如图 10 所示。

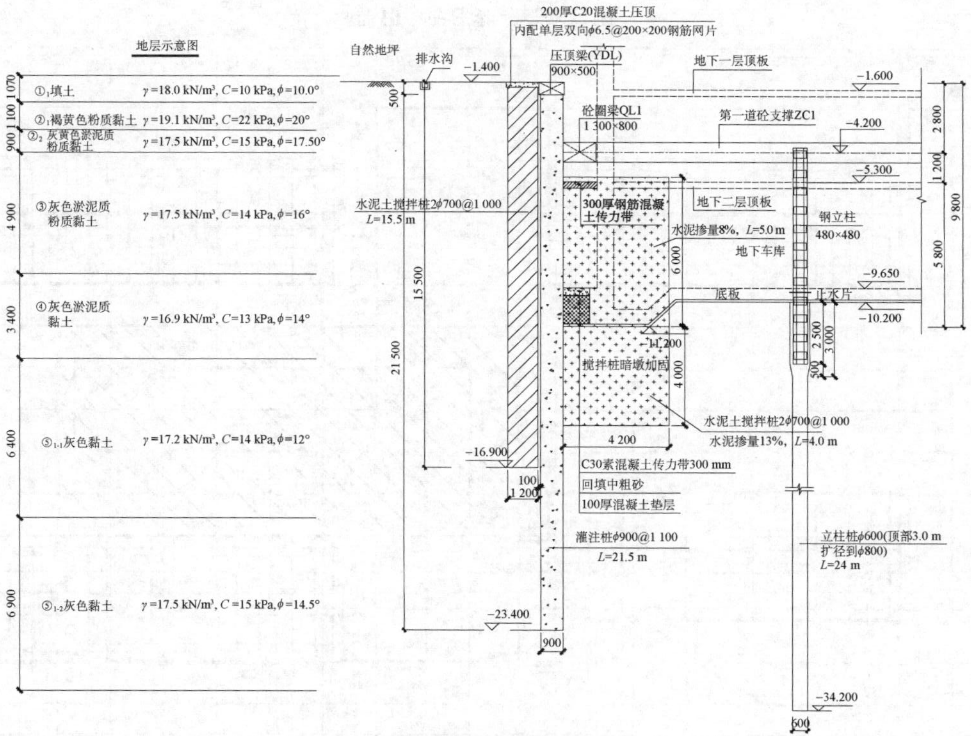

图 9　基坑围护典型剖面图

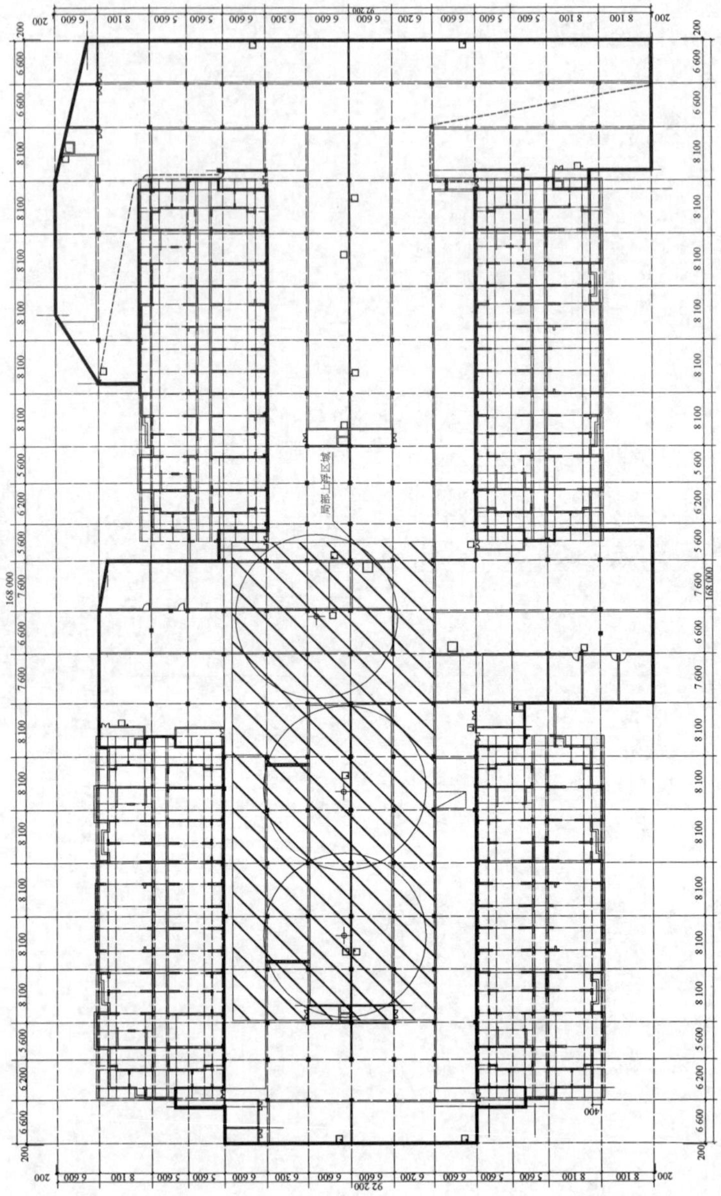

图10 泄压井系统布置图

6 施　工

6.1 一般规定

6.1.1 施工前应编制地下结构隔排水主动抗浮专项施工方案，以作为施工阶段的指导性文件。

6.1.2 专项施工方案应能贯彻设计意图，并与土建施工相协调，了解地基基础施工方案，能够流水穿插作业，并要确保施工期间对环境的保护，需要掌握各方面的信息。

6.1.3,6.1.4 对设备进行有效管理，现场进行试验性施工，获得合理的施工参数，检验施工可行性，是保证工程质量的关键。

6.1.5 主动抗浮设施是在基坑开挖到底才开始施工，而常规基坑工程是限时浇筑垫层，减少开挖面暴露时间，以减少基坑变形和对环境的不利影响。因此，抗浮设施也要限时完成，要与地下结构回筑交叉施工、流水作业，快速完成基坑回填。

6.1.6 对于采用隔排水主动抗浮技术的工程项目，施工期监测对象为周边建筑物、地面、道路、地下管线以及已完成的隔排水主动抗浮设施，通过监测技术的运用，技术人员可掌握施工过程中地下水位和环境的变化程度和发展趋势，及时预警和调整方案，做到信息化施工。

6.2 排水系统施工

6.2.1 隔排水主动抗浮技术的排水系统不同，对应的施工步骤可能不同，本条根据新建建筑提出排水系统施工流程。对于既有建筑抗浮治理工程，应结合工程需要进行相应调整。

6.2.2 基坑工程要做好隔水、排水、降水措施，保证地表水不灌入、坑底土不被浸泡、地下水位控制在坑底以下。

6.2.3 本条规定了点、线、面形式的主动抗浮技术现场放样。施工场地较松软分为基底土层本身为软弱土层和基坑工程开挖暴露导致的基底土层软化崩解及强度降低。对于采用主动式抗浮技术的地下结构，基底软弱土层的处理以提供施工作业工作面为主要目的。当设计单位规定了软土地基处理方法时，应按设计要求进行处理；对于由于基坑工程开挖暴露、坑内积水导致的基底土层软化崩解及强度降低的情况，应在排水系统施工前及时反馈设计单位并作相应处理。

6.2.4～6.2.6 针对不同的排水体形式（排水层、排水带和泄压井），规定相应的施工程序和技术要求。

6.2.7 导水管表面开孔，把水汇集后到集水管，集水管应为实管。

6.2.8 集水管出水口的标高受排水网络和集水管开槽定位施工精度的影响。因此，要求技术人员在集水管施工过程中注意及时校核整个管路系统的标高。

6.3 隔水系统施工

6.3.1 对原基坑围护止水帷幕效果进行检验，并认真巡视，发现问题及时解决。

6.3.2 相关工作事先就应督促完成，通过现场实地检查，有地下水连通问题再应急封堵。

6.3.3 本条规定了基坑肥槽回填要求。回填材料除可以选用黏土外，还可以选用预拌流态固化土等新型回填材料，但不宜选用透水性强的碎石、砂性土及粉性土等材料。表层 3 m 回填质量尤为关键，以确保地表水竖向不渗入。

6.3.4 基坑肥槽回填应采用适宜的方法，避免对竖向止水帷幕产生侧向变形导致开裂。

6.3.5 水平向隔离用于防止地表水渗入到肥槽，确保隔离效果。

6.4 安装与调试

6.4.1 排水系统安装与底板浇筑同步进行，底板在扎钢筋时相应的排水管要预埋到位，并应固定。在底板混凝土浇筑时，应对预埋管道要有保护措施，不致偏位、断裂。

6.4.2,6.4.3 参照现行国家标准《给水排水管道工程施工及验收规范》GB 50268、《建筑给水排水及采暖工程施工质量验收规范》GB 50242、《工业金属管道工程施工规范》GB 50235 及现行协会标准《建筑给水硬聚氯乙烯管管道工程技术规程》CECS 41，排水系统安装后，压力管道应进行水压试验，无压力管道应进行闭水试验。压力管道指工作压力大于或等于 0.1 MPa 的排水管道，无压管道指工作压力小于 0.1 MPa 的排水管道。

7 监　控

7.1 一般规定

7.1.2 监控系统需配备必要的机械与电气的防护措施，避免物理损坏与电磁干扰，保证系统的可靠性。由于系统的使用年限较长，系统的各项硬件宜选择可更换的部件。系统应配置专用的备用电源，并做到实时切换，切换时间宜小于 30 s。

7.1.5 监控系统架构宜按图 11 中所列架构设置。

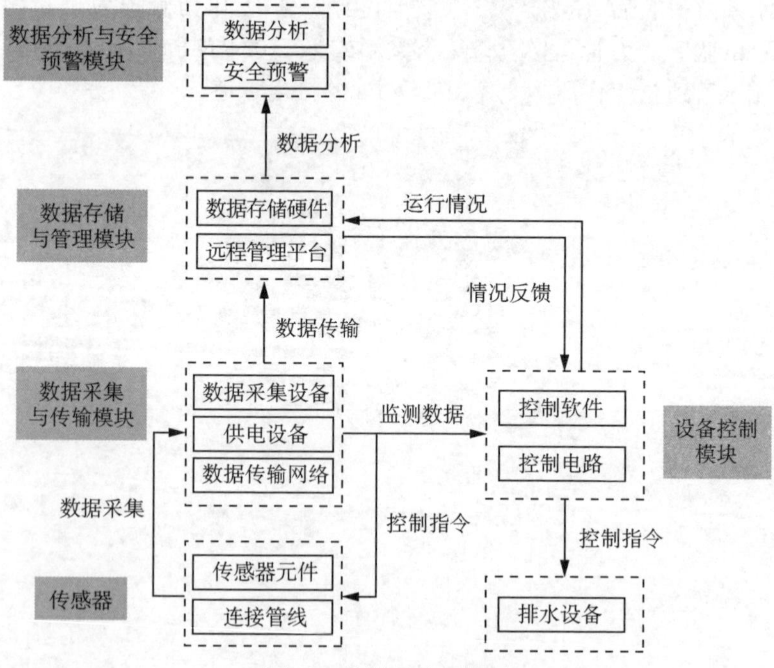

图 11　监控系统架构图

7.2 监测内容及传感器

7.2.1 传感器宜采用数字信号传感器。如采用模拟信号传感器，应先将模拟信号转换为数字信号，通过总线传输，避免信号干扰对数据质量的影响。传感器构造上可更换，当传感器出现损坏时，应及时进行更换。

7.3 布　设

7.3.4 设备控制模块接收数据管理模块的指令进行控制，一般通过控制水泵的电路来控制水泵的运行状态，其供电系统与水泵的供电系统共用。

7.4 监控与预警

7.4.2 系统的用户权限可自由定制，对各级用户进行分级赋予权限，可以对用户、项目、设备、角色等对象进行管理。

7.4.6 监测报警主要分为数据报警与设备故障报警。数据报警主要为监测数据的原始值与计算值的报警，分为累计值报警、日变化报警和瞬时速率报警。

1) 累计值报警：当前时刻累计值超过阈值。

2) 日变化报警：每日参考时间点的参考数据与前日比较，超过阈值。

3) 瞬时速率报警：当前累计值与上个时刻累计值比较超过阈值。

设备故障报警针对监控系统与设备，报警类型分为超量程报警、数据突变报警、接近量程报警和掉电报警。

1) 超量程报警：原始采集数据超过量程，建议检查传感器或者选择更大量程的传感器。

2）数据突变报警：原始采集数据较上次变化量超过突变阈值，一般应检查传感器。

3）接近量程报警：原始采集数据超过传感器量程的90%，宜考虑更换传感器。

4）掉电报警：一段时间内无数据，应技术检查传感器与设备供电系统。

8 检验与验收

8.1 一般规定

8.1.1,8.1.2 明确了施工单位先进行自检,合格后方可进行隔排水主动抗浮工程。由于隐蔽工程在工程验收时无法检验,因此这里明确隐蔽工程必须在施工过程中进行。

8.1.3,8.1.4 隔排水系统所使用的建材的性能指标必须满足设计要求,同时,这些材料应该是符合国家或行业技术标准的正规产品。主动抗浮工程所采用的设备和仪器等同样需符合国家相关产品标准,并提供产品质量认证证书等。

8.2 检 验

8.2.2 本条规定了所用材料的检测实施单位,应是供应商和施工单位外的独立第三方,并明确要求检测单位应亲自到现场取样,而非由供应商或施工单位送样。

表 8.2.2 列出了隔排水系统中使用的土工合成材料、碎石的检测主控项目和一般项目。本条规定了各项指标的检测频率和检测方法。对于土工合成材料的相关性能指标,本标准建议采用与隔排水系统相近的现行行业标准《土工合成材料测试规程》SL 235 规定的方法;对于碎石,建议采用现行国家标准《建筑用卵石、碎石》GB/T 14685 规定的方法。

8.2.3 对于用量大于 100 m^2 的土工合成材料(土工膜、土工织物、排水网),以每 100 m^2 为 1 批,应抽检 1 组试样;用量不足 100 m^2 的土工合成材料,按 1 批计。每组试样的抽取、剪裁和样品数量应满足现行行业标准《土工合成材料测试规程》SL 235 的规定。

8.3 验 收

8.3.2 本条明确了主动抗浮工程验收需要的文档资料和证明文件，其中第 1～7 款是必需的，如果项目进行了监测，也应一并提供监测方案和监测成果。

9 运 维

9.1 一般规定

9.1.1 隔排水主动抗浮工程项目使用期间，隔水系统中的止水帷幕和肥槽封盖可能会受到周边工程活动的影响，甚至丧失其止水和防水功能。为此在工程竣工后，通过向使用单位说明情况，标记止水帷幕的具体位置，如果遇到周边工程施工，以便加强巡视和监测，避免使用期间隔水系统受到损坏。

9.1.2 现场巡视是主动抗浮技术运行效果的重要检验方式。巡视内容及频率应结合项目阶段和项目特点确定，设计文件有明确要求的，应根据设计文件确定。巡视工作应做好巡视记录，发现异常水位和安全隐患时，应及时反馈工程参与各方。

施工阶段的巡视工作宜由施工人员或监测人员进行，巡视内容以第 1～3 项为主；现场施工完毕，且地下水位可控后，可由建设单位委托其他单位（如物业管理单位）进行运营阶段的现场巡视，巡视内容除第 1～3 项外，还应注意对地下结构使用条件的巡视，如地下结构上部荷载、地下结构内部改造等情况。

9.1.3 测定各项初始值是系统正式运营前的必要工作，一是可以作为泄排水量和运营阶段地下水水位变化趋势的依据；二是便于准确了解泄排水对地下结构自身和周边环境的影响，按需降水；三是当产生纠纷时，可作为影响程度的评判依据。

9.1.4 两路电源或电源与发电机之间应保证能及时切换。

9.1.5 排水管道和阀门的维护工作主要包括：

1 排水管道、阀门维护周期宜为每年 1 次，当排水管道和阀门出现渗水、漏水等异常情况时，应及时维修或更换。

2　当防腐层、保温材料出现脱落现象时，应及时除锈刷漆。

3　当冬季气温较低时，应做好排水管道的保温防冻工作。

4　阀门应保持灵活，定期进行启闭试验，如出现拧不动、不通水或关不严时，应及时维修或更换。

5　当排水管道发生堵塞时，应按第 9.2.3 条进行处置。

9.1.6　采用隔排水主动抗浮技术的新建工程，隔水效果直接影响抗浮效果。一要防止周边活动对止水帷幕的破坏，有问题应及时修补封堵。二要考虑止水帷幕由于使用年限较长等原因而发生渗漏失效、或肥槽上覆土工膜未有效阻水等，均可能导致泄排水会对周边环境产生影响，此时应及时分析原因，并调整运行方案，包括减少泄排水水量、增加渗流路径、按需降水等，直至排除问题和隐患。

9.2　隔排水故障及应急处置

9.2.1　出现监测系统报警，应及时查看、处理，不可拖延。

9.2.2　肥槽封盖渗漏较难发现，应在肥槽中埋设孔压传感器或水位计，便于判断。

9.2.3　反冲洗主要冲刷管道内的沉积物。

9.2.4　当监控系统包括硬件和软件时，不应忽视软件的作用。

9.2.5　遇紧急情况，如极端天气，实际水位持续超过抗浮设计水位，应尽快采取措施以防止底板发生危险。可根据实际条件采取如下措施：

1　泄压：在地下室底板开临时泄水孔，以释放水压力。

2　加荷：迅速在顶板覆土配重或者底板临时堆载。

3　降压：地下室周边肥槽抽水降压，使周边水位降低。